ここに来ればみんな幸せ

幸せ企業ヤマセイの秘密

～ヤマセイ流　事業承継・経営法～

まえがき

有り難いことに、ライターあるいはインタビュアーとして経営者や医療者の方々への取材は、オンライン取材も含め、年間１００件を越えるようになってきました。その経験の中で、事業を順調に伸ばし、バトンを次世代へ繋げる時に、壁にぶつかる経営者にも多く出会いました。事業承継の難しさを語る企業トップの方々の苦悩は、それぞれ違うものの、その承継時期や方法、形を変えなければいけないことへの抵抗感など、悩み多きことは明確でした。

そのように承継問題で悩んでいる中小企業が多い中、山本精工株式会社の前社長・山本正夫氏の言葉は、異色を放ち、抜きん出ていたのです。

「準備段階で自分の仕事を離す、任せることが大切だと考えています。承継について相談されることも多いですが、そのように話しても、皆さんにはなかなかわかってもらえない。伝わらない。変えることが怖いのかもしれないですね」

また経営だけでなく、人生訓として話されたこんな言葉も印象深く残っています。「周りの人のおかげで生きている」「人を大事にすることも大きな発展要素です」。

社員だけでなく、顧客、仕入先も大切にすることがヤマセイのモットーです。前社長がこの考えに至ったのには、腎臓移植したことが大きいと言います。自分のためだけなら「まあいいか」と満足してしまいますが、人のための方が頑張れるし、充実感もあると言い切ります。仕事でストレスは溜まるけれど、目標や計画を立ててやり遂げた時の達成感は大きいもの。従業員に幸せになってほしいと常に思っているのです。また、地域貢献として、養護施設や、地域の行事などにも寄付しているという話は、まさにヤマセイ魂の根底を見た気がしました。

「人はひとりでは、生きていけません。周りがあっての自分、周りに支えられてこその山本精工なのだと思っています」

前社長のベースに流れる想いや理念は、事業承継という名の中で、しっかりと新社長・正人氏に受け継がれ、次に来る新しい未来像を見せようとしていました。

この本を、すべてのヤマセイに関わる方へ、そして、事業承継に悩む経営者の方々のロールモデルとして、お贈りしたいと思います。

第一章：相談役・山本正夫の経営法

業界一筋で見えてきた良いこと悪いこと

山本精工株式会社は、仕入先ネットワークを駆使し、ものづくりを展開する、金属部品の製造販売を行う企業である。ひとことで表現するならば〝ものづくりの商社〟といえるだろう。販売先は、空圧・油圧・半導体・食品・工作機械メーカー等、多岐にわたる。

2021年1月に社長を現在の三代目に譲った同社相談役・山本正夫氏。その先見の明は、職人気質の考えの業界にあって、新しい風を吹き込み、まさに「金属加工業の総合商社」として、その名を広めてきた人物である。

正夫氏は、父である先代から数えると二代目の社長として、これまで〝ヤマセイ〟の陣頭指揮を執ってきた敏腕経営者でもある。その経営者としての経歴は、昭和45年の入社から始まった。2020年で、会社を継いでから実質27年目となったとき、そのビジネス流儀は先代社長とは全くと言っていいほど違うものだと、社員や関係者が明かした。

2020年、67歳となった正夫氏。先代は正夫氏が44歳の時に亡くなったが、その前から40歳で会社を預かっていたこともあり、実質的にバトンをしっかりと受け取ってからの社長着任であったため、社内や取引先などからは、不安や戸惑いの声は上がらず、スムーズな事業承継が行われたと言ってもよいほどであった。

正夫氏は大学を卒業後、一年だけ叔父の会社で働いた後、山本精工に入社した。叔父の会社も同じような金属加工業界だったため、本音では外の世界に出たかった。しかし、先代はなかなか古いタイプの人間で、「この仕事をやるんだったら叔父のところへ行け」と行かされたのだった。「だから、この業界しか知らないんですよ」と正夫氏は笑う。「他でアルバイトすらさせてくれなかったんです。学生の時から叔父の会社でアルバイトをしていたので、トータルしたら3年くらい現場は経験しましたね。今、振り返ってみて、何か役に立ったかと聞かれてもわからないですね（笑）。現場のしんどさはわかったけれど、それくらいです」

ただ、外の世界を見られなかった分、この業界のことを身体に染みこませてきた強みは、しっかりと正夫氏のバックボーンとなっている。

先代の父・正一氏は頑固者だったという。自分には甘く、子どもには厳しく、「正直なところ嫌いだった」と正夫氏は語る。「今の僕と息子（現社長・正人氏）との関係と全然ちがいましたね。息子とはよくしゃべるけど、僕は親父とは全然しゃべらなかったですね。親父は創業者だから、本当に一所懸命に仕事をしていました。頭の中は365日ずっと商売のことを考えていて、行動をみているとそれがわかりました。自分が一番やりたくない嫌なことでも、仕事となれば割り切ってやっていたことが印象的ですね。でも、遊びも半端なかったんです」その時代には合っていたのだろうが、稼いだお金を接待や豪遊とも取れるような使い方で散財する姿を見てきたこともあり、好きになれなかったのだという。今でこそ、当時は接待で契約を取り付けるのが当たり前だったと理解できる。正夫氏自身がこの会社を引き継ぐようになって初めて、経営者の本当のしんどさを知り、少しは先代の気持ちもわかるようになったが、当時はそんなことが全くわからなかった。「遊んどるだけやないか」と思っていただけで、父は反面教師となっていた。

　そんな正夫氏であったが、山本精工での営業の仕事を始めてから、取引先の大手商社から社員としてニューヨークに赴任する話が持ち上がった。自分の成長の為にどうかと声をかけて頂いたのだ。結婚してすぐの頃のことだったこともあり、迷いは大きかったが、海外に行くことで人生変わるかもしれないと思った正夫氏は、父に行かせて欲しいと頼んだ。しかし、父は最後まで頭を縦に振ることはなかった。父親の考えが変わることがないのはわかっていたので、納得していないけど自分の中で無理

やり諦めた。だから独学で勉強するしかないと覚悟を決めた。あの時、ニューヨークに行っていたら、今の会社も変わっていたかもしれないと振り返る。

「僕は外の世界を知らないから、息子に対しては、自分が経験できなかったことをさせてやりたいと思っているんです」

自分ができ得なかったという悔しい気持ちを息子には味わって欲しくないという父としての想いが顔を覗かせた。

最も苦労した時期の大きな舵切り

会社を引き継いですぐ、2年目にバブル崩壊となった。それが最も苦労した時期だと語る。

年回りは後厄の頃で、後のリーマンショックとは比でないほどの経済破綻となっていた。

バブル時は当然業績も良かったが、破綻後は売り上げが三分の一になってしまい、四期連続の赤字になったのだ。この時ばかりは、新たな経営手法を模索する余裕もなく、ただただ現状維持に努めることしかなかった。

当時の取引先は、大手企業が全体の売上の8割を占めていた。製品価格を下げろと言われて、簡単にはいいなりにならなかったけれど、結局下げざるを得なかったのは、古き悪しき慣習による、上下関係、ヒエラルキーとでもいえるだろう。なんとか、あちこちと交渉をしてそれなりにコストダウンに努めたが、この時が一番きつかったと振り返る。

いくつもの壁にぶつかりながらも、徐々に二代目として方向転換も図り、新しい指針で動く経営者としての正夫氏であったが、その強みは何だと考えていたのだろうか。

「交渉力。これが僕の強み」そう言いきる正夫氏。そこには、反面教師であった先代の姿が見え隠れする。

昔は接待と袖の下のようなことがまかり通る時代で、それが営業方法のひとつでもあった。先代はその社交的な営業手法で契約を獲得する才能があった。先にも言ったように、正夫氏はそれを否定的に見ており、接待はものすごく嫌いだったと語る。その流れの中で見て感じてきた大手企業も苦手だったとも言う。

「昔は看板が大切だったけど、今の時代は関係ないと思うんですよ。中小企業として大手企業の言いなりになるのは我慢できないし、仕事が減ってもいいから、できないことはできない！という姿勢を貫こうと思っていました。バブル崩壊を契機に、下の企業に無理を強いるような大手企業との取引をやめようと決心し、僕の方からやめさせてもらったんです」

当時、山本精工株式会社の社員は20名程であった。大きな取引先を失うことへの不安がないわけではなかった。社員の生活や家族の顔もちらついたはずだ。会社としては大変大きな決断だったが、徐々に大きな取引先を減らしていったという。

「大きな企業との取引はやめて、新規開拓を一生懸命しましたね。現在の取引先は２００社以上にのぼります。昔のような特定のお客さんに依存しないよう、全体売上の内、一社10％以下に目標設定しているんです。その目標が達成できたのはここ数年ですが、そこから一気に業績が上がってきました」

思い切って大きく舵を切った大手との取引解除だったが、契約先の事情に左右されない取引方法を定め、業績は向上していっている。

「お客さんに頼ってはいけない。仕入先さんにも、銀行にも頼ってはいけない。そこが倒れるとうちも倒れてしまう。自分の力でやりきれる力を持つこと」

これが、正夫氏が社長に就任してから、大きく経営方針を変え、ヤマセイの発展につなげたバックボーンとなる理念なのである。

もちろん、すんなりとその方針に転換できたわけではなかった。ものごとを変える、新しいことに変化するとき、人は安定を求めて、元に戻そうとする傾向がある、いわんや会社の方針転換ともなると、周囲からの反対はさぞや大きかったことだろう。

正夫氏が「大企業との取引をやめること」を周囲の人々に相談したら、口をそろえて「なぜ?大企業との契約なんて願ったり叶ったりの企業も多い中、契約をこちらから解除するとはなんともったいない!」と言われた。

しかし、正夫氏は〝やめないといけない〟そう思ったのだ。「山本精工の発展には、今までの慣習を捨てることが必要だ」と感じていたからだ。

「捨てる＝自分を追い込む」ことによって、新しいことができる。そう確信していた正夫氏。「追い込むしかない。やるしかない。僕はそういうタイプなんです。自分で誇れるのはそういう決断力です。最後は〝経営者の責任〟となるのだから、自分で考えて、自分で決めるしかないのです」

山本精工の発展には、新たな経営方針を進めた正夫氏の誇れる決断力が、そこにあった。

正夫氏が誇ったもう一つの経営手腕、それは「先を読む力」だ。

リーマンショックの後の経済状況が悪い時期にも関わらず、社員を新規採用した上、それを次のチャンスに生かしたことである。

これは、正夫氏が常に未来を考えて動いていることがうかがえるエピソードだろう。

今回の新型コロナウイルスに際しても、2020年1月の段階で、すでに「この状況を侮ってはいけない」と、新型コロナウイルスに対応するため、特別なマスクを用意していた。先読みが得意であることがわかる行動である。

先読みするには、時には逆を考えることも大切なのだという。リーマンショックの時、実は不安はなかったのだというから驚くと同時に、なにか戦略を事前に立ててきたことが伺える言葉だ。

1年は赤字を出したが、翌年からは良い人材を取れるチャンスと捉え、あえて採用費用を増やした。それにはどういう思惑があったのだろうか。お客様や同業他社が人員削減をしている情報をキャッチし、そうなると残っている社員にはきっと負荷がかかると考えた。そうなれば安心して発注できる企業に仕事を依頼するだろうと考えた正夫氏は、急速に管理面を強化していった。またその時に銀行の保証付で社債を発行したというから、度胸だけではない、理論的なビジネス能力、中長期計画の戦略があったに違いない。なんという先見の明。それもまた、正夫氏を象徴する〝先読み〟する力なのだろう。

視点の転換で〝ものづくりができる商社〟へ

山本精工では、現在、初代社長の〝やり方〟は残さず、二代目社長のときに正夫氏が考えたビジネスモデルですべてが行われるようになった。

初代社長の時代の番頭（古参の従業員）も変わって、社員の顔ぶれも大きく変わり、顧客も仕入先も8割は初代から続く取引先ではなく、多くを新規取引先として契約した。その顔ぶれは初代の頃とは一新している。

山本精工にとっても、企業方針の見直しや、生産体制、組織体制、取引先との関係性など、バブル崩壊が大きなきっかけとなったのは事実だ。良い意味での方向転換期となったのだった。

バブル崩壊後の時期は、世間でもビジネスモデルが大きく変わった時代。山本精工では、「管理面」により一層力を入れ、大手との取引をやめ、価格を叩かれることをなくし、付加価値をつけて、利益率を確保する方針に変えていった。

「常に利益を取れるように考えている」

これが二代目山本精工のキモとなった。

仕入先約200社には、それぞれに切磋琢磨してもらいながら、内製率は10％以下とはいえ、急な対応ができるように「自社での製造部門」を残したのも山本精工の特徴である。

〝ものづくりができる商社〟これが山本精工の目指した企業像なのである。


「同業者は、職人さんばかりで経営の勉強をしないところも多いんですよね。だから儲からない。でも、うちはしっかり儲けることを意識しました」

そういい切る背景には、初代が職人気質の考えで経営していた姿を見てきたからこその正夫氏の考え方である。そして、何より正夫氏の得意とした「先を読む力」から生み出された、この業界には希有な考え方であると感じる。

その考えに則った経営は、この業界ではトップクラス

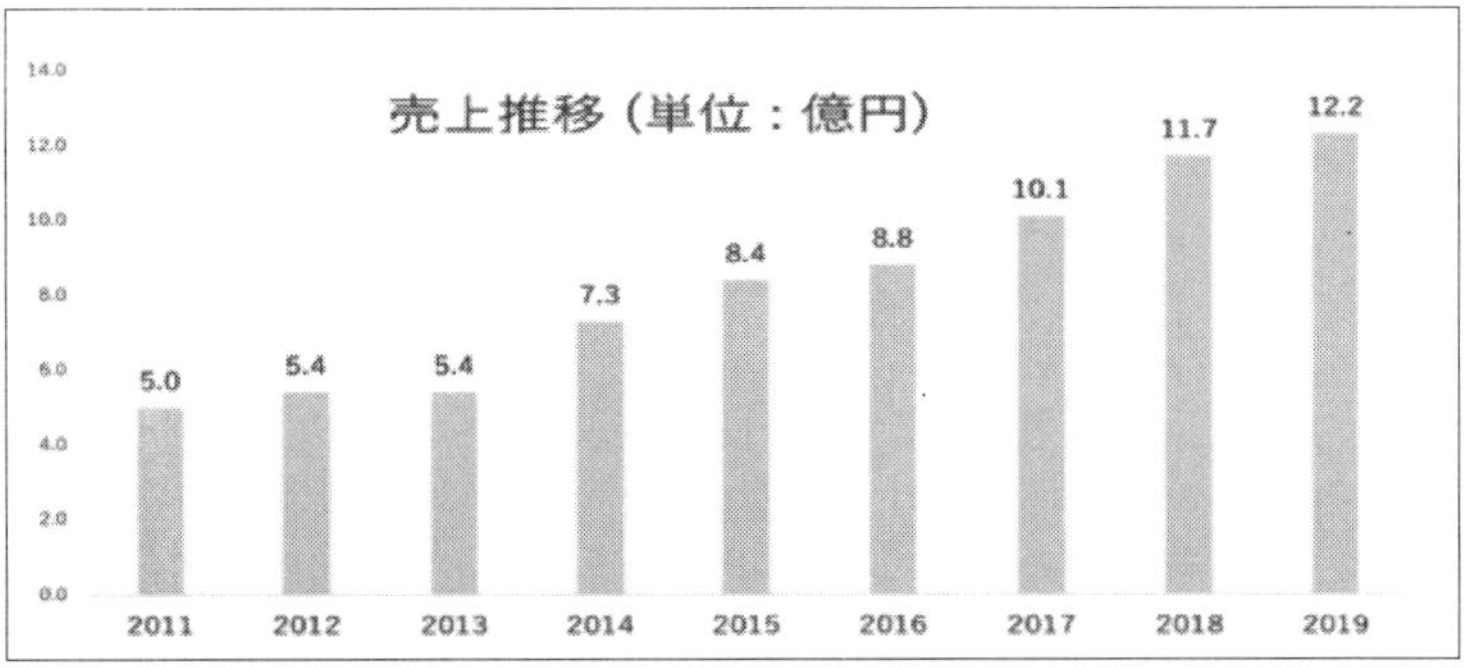

山本精工株式会社　売上推移（単位：億円）2011年～2019年

の数字をたたき出し続けている。

順調に売上を上げていっているのは、数字を見れば一目瞭然であろう。しかも、仕入先を叩かないことも、これまでの業界慣習とは大きく違う点である。

「僕がやられたことを仕入先にはしません。見積もりを取って許容範囲での交渉はしますが、それ以上は叩くようなことはしなかった」

きっぱりと言い切る言葉の強さに、常に心の底に流れている経営の信念を垣間見た思いである。

さらに、営業担当者が上から目線で話をしないことも山本精工の特徴である。そのおかげで、仕入先とは対等の関係を築き、提携している会社からも信頼は厚い。「長くおつきあいさせてもらっている」という姿勢が、業界トップを走る企業としての理念を物語っているのではないだろうか。

このような考えは、経営理念として掲げており、全従業員に浸透している。

もちろん、「経営者」であることは、相談役となった今も大切にしている。経営に関して心がけていることを尋ねると、「平等」だと言う答えが返ってきた。従業員に対しても、取引先に対しても「平等」に接する。それは、主従関係で苦労した初代の経営を反面教師として見てきた二代目ならではの教訓が、そこにはあるのかもしれない。

もう一つは、大手の傘の下で「依存しない」ことだという。何が起こっても自立していけるスタンスを確保するためには、一企業として自立できるだけの経営力を蓄え、頼らない・依存しない。そして、上下関係なく、平等で信頼を得られる経営を続けること。力強い言葉の裏には、しっかりと先を見据えた正夫氏の経営眼が光っていた。

先読み力を養ったきかっけ

そんな正夫氏であったが、バブルが弾けた時には悩みに悩んだ。それは当然のことだろう。世の中の企業は大なり小なり、経済の破綻に大きく影響された時代だった。学生の時は勉強嫌いだったが、この時期は人生で一番勉強したと振り返る正夫氏。しかも、その後の人生において、まさに〝再出発〟となるような時期であったことを知るものは少ない。38歳の時に病気（腎不全）に罹患し、長い間、家族や社員に支えられながら、過ごした期間があったのだ。その闘病時期には、人脈を広げることができなかった。しかしその間も、経営者としての働きを忘れることはなかった。身体のことも配慮しながら、可能なことから実行したことは、読書やセミナー受講、講演会参加を通しての勉強だった。

腎不全が進行して53歳で人工透析になったときも大きな転機になった。人工透析になったことで、週3日の通院が始まり、ちょうど息子・正人氏が入社した時期とも重なり、正人氏に経営を任せるようになっていくタイミングとなった。

「それまでは自分が自分が、だったのですが、息子や周囲に任せるようになりました。以前はトップダウン型だった経営方式も、病気になってからは大きく変わりましたね」

正人氏が三代目として社長を引き継いだ今では、下からの意見をどんどん吸い上げる組織環境となってきている。自らが初代より引き継ぎ、経営方針をシフトしていったように、息子である正人氏へバトンを引き継いでいく中で、また新しい風が通りはじめているのだ。時代と共に、さらに成長を続ける山本精工。その姿が輝きを増しているのは確かだ。

その後、透析を一生続けることからの脱却を試み、55歳で妻からの腎臓を移植する手術を行った正夫氏。透析での治療は終了し、文字通り新たな人生をもらった転機となった大手術だった。病気で人生観が大きく変わる人は多いが、移植のおかげで、今は健康状態も順調で、仕事への考えや人生についての見方も変わったと語る。

「人間いつ死ぬかわからない。思い立ったらまず計画を立てる。そして、その計画通りに実行していく。このことをあらためて実感しています」

かつては社員に怒鳴り散らすこともあったというが、病気を契機に、経営を現社長に任せるようになり、この10年で感情を荒立てることもなくなった。それなりに利益も上がり始め、「自分はもうええかな。そろそろ引退かな」という思いも確実なものとなってきた。2021年、常務であった正人氏（38歳）に事業承継することを決めた。これも計画通りに進めていく中でのバトン承継である。

まさに理想的な事業承継ではないだろうか。ここに「先を読む力」が生かされているかどうかは、知るよしもないが。

バトン承継で考えたこと

山本精工というバトンを受け継いだ三代目、現社長・正人氏に対して、正夫氏の経営者としての受け渡し方はどうだったのだろうか。そこには、父としての気持ちと、経営者としての気持ちが交差する部分はあるのだろうか。

「息子には、ここに入社した当初から経営の勉強をするように言ってきました。しかし、本人の気付きを待っていたというのが本音です。よくやってくれていると感じています。最初の頃は、本人も辛い時期があったと思います。それも勉強ですし、本人が気付かないうちは、こちらが何を言ってもダメでしょう。そういう点では、うちは事業承継が2～3年でスムーズにできたと思っています」

経営者として、そして、父としての深い愛情を感じる言葉がそこかしこに含まれている。

「息子には異業種の沢山の方と付き合えと言っています。僕と似ていて、頭は硬いというか、頑固なところがあるんですよ。いろいろな方と会うことで、ヒントやアドバイスをもらって、少し柔軟になって欲しいですね。そのおかげで、この数年でいろいろな面で成長してくれたのは確かです。みんなに好かれるいいキャラクターですよ（笑）」


家庭を顧みず、仕事に邁進して山本精工の舵を取ってきた初代と違い、正夫氏はそれを反面教師として、家庭では３人の子どもとの子育てにも積極的に関わってきた。今でも家族で食事に行くことも多く、仲が良いというから、本当に家庭的な父親であったことがわかる。

しかし、意外な言葉が正夫氏の口から出たのには驚いた。

「息子には会社を継いでもらおうとは思っていなかったんです」

自分が創業者ではないこともあり、自分の代で終わってもいいと思っていたのだという。

職人としてのものづくりに特化した経営を進めた初代。その初代から引き継いだ製造業としての職人気質の良さを残しながら、商社機能を取り入れ、取引先との関係は企業同士の〝同等ビジネス〟としての運用に舵を切った二代目。この業界しか知らずに来た自分と同じ人生を息子には歩んで欲しくないという親心もベースにあったのかも知れないが、「会社に対してこだわりがなかったのかもしれない」と振り返る。

しかし、病気をきっかけにとはいえ、息子が会社に入ってくれた時は嬉しかったとも話してくれた。

「息子に伝えることはもうない」

こちらからあれこれ言わないが、聞いてきたら答えるようにしているという。

「息子に足りないことといえば、先読みをすること。それと、不況を知らないことです。不況は会社も経営者も成長させてくれます。悪い時こそ、課題解決できる一番のチャンスだと伝えたいですね」

バブル期の不況を乗り越えたのも、決断力、先読み力、それを導く日々の情報収集などの研鑽が、正夫氏の強みだが、自分が作り上げたビジネスモデルでずっとやっていけるわけではないとも言う。

「これからどういう風に変えてくれるか、何か新しい柱を作るか、どうするのか。楽しみにしています。技術商社として、あの会社はまちがいないと思われる企業に成長してほしいと思っています」

自分からのバトンを受け継いでくれた三代目への期待は大きい。ほころぶ顔には、そのバトンをしっかりと受け取ってくれた息子への感謝と信頼感が溢れ輝いてる。

「実は、息子の顔には生まれた時から血管腫があります。幼稚園に上がるまでは、親としてとても悩んだことも事実です。しかし、幼稚園の先生の前向きな言葉で、どんどん社会に出すようになりました。生まれたときから持っていた個性として、親が気にしないで受け入れることが重要だと気付いたんです。そして、息子も活発に素直に育ってくれました。父親として仕事だけは一生懸命やってきたので、それは見てくれていたかなと思っています。息子の成長が楽しみですね」

父として、経営者の先輩として、正人氏の良さを一番理解する者として、新・社長に寄せる想いは、温かく、強く、大きく広がる未来へと向けられている。

事業承継・経営ポイント

中小企業の経営者は社員を大切にしていないと思います。未だに労働環境が悪いところが多いことは事実でしょう。70年代、80年代の昔のやり方を社員に押し付けているところが多く、これでは時代錯誤も甚だしい。これからは働き方を変えていかなくてはならない時期に来ていることに気付かなければならないでしょう。営業力がないから、価格競争になってしまうのです。

自社の技術に自信を持ち、いかに利益を出せるかを考えなければいけないと思っています。特にこの先10年、難しい時代が来るでしょう。ますます淘汰されていくだろうと予想しています。

第二章：新社長・山本正人の経営法

成功のカギは同じベクトル

「相談役と同じベクトルを向いていることは、間違いない。もしかしたら洗脳されているのかもしれないけれど…」と笑うのは、山本精工株式会社　三代目代表取締役社長・山本正人氏。

創設者の山本正一氏を祖父に持ち、父である現在の相談役・正夫氏からバトンを受け取った、山本精工の三代目である。

事業承継が課題という中小企業も少なくない中、山本精工の承継はすんなりとバトンが渡されていっているようだ。同じベクトル（方向性）、同じ未来を描くことができる事業承継。その秘訣はどこにあるのだろうか。

現社長の正人氏が山本精工に入社したのは、２００８年、25歳のときだった。文字通り青春をエンジョイしていた大学時代を経て、順風満帆に商社に就職。社会人となり、ここではそのコミュニケーション力を発揮し、社内で全国でもトップクラスとなる成績を残していた。当然、経営陣からも注目されることとなり、２年が経った頃、大抜擢の打診がなされた。ビジネスマンとして順調に成長するためのステップへの打診である。当然、そのチャンスを握るものと思われた。しかし、正人氏はその時、すっぱりとその商社を退社。祖父と父の会社である山本精工に戻ってきたのである。

父からの依頼があったのだろうか。いや、そうではなかった。意外にも、正人氏は、大学時代からこの会社を引き継ぐことを念頭に置き、家業に役立つスキルを身につけるべく、商社に就職していたのだった。そして、出世のチャンスも、「ここで進んでしまったら、家業を継ぐために戻ることができなくなる」と、この機会に戻ることを決意した。その気持ちに迷いはなかった。本人にとっては、ベストタイミングであり、満を持しての帰還だったのである。

父から受け継ぐ経営バトン

正人氏は父から会社を継ぐ為に、経営のことを学んだ。

・町工場は専門知識と技能を持つ職人ではあるが、経営者ではない。
・職人は良いものを作ろうとする。経営者は売れるものを作ろうとする。
・需要があるものが何かを見ていない。

この違い、これを町工場の社長は勘違いしていることが多いと学んだ。二代目社長・正夫氏は、「技術商社でありたい」と経営方針を掲げていた。そのため、町工場にあるものづくりを知らなかった。しかし、それが逆にうまくいった。この業界にいない経営者タイプ。そういうことをいろいろと直接聞き、身につけていった。

「山本精工は、技術商社です。僕らは自社の技術でなくネットワークを使った技術力を持っています。違った言い方をすると、僕らは製造業ではなく〝サービス業〟を目指しているのです。仕入先に対しても、お客さんに対しても、サービスをする。この2つのサービスをすることで、製造業なのにサービス業ということを売り込んでいきたいと考えています」

正人氏の言葉は力強い。地に足を付け、相談役からのバトンをしっかりと握っている証拠である。

しかも、これらは最近1~2年で考えたことだという。自社のことを振り返ってみると、自分たちがやっていることはサービス業だと気が付いたのだとも。

「例えば、僕らは仕入先さんのところに製品を受け取りに行くんです。普通なら仕入先さんが納品にきて下さることが多いと思います。でも、発注している側の僕らが取りに行くんです。なぜかと言うと、仕入先さんは機械を動かすことで売り上げになるわけです。その機械を止めて納品に時間を使ってしまったら売り上げにつながらない。なので、配達の時間を僕らが代わりにすることで、売上アップにつなげてもらいます。その分、一点でも多く、製品を上げてもらえるのでお互いにメリットがあります。これがサービス。そういうことがたくさんありますね。他にも、測定器は一台10万円以上するので仕入先さんは何台も買えないでしょう。単純に計算しても何十万、何百万するから、買ってくださいとは言えないですよね。一方、僕らは品質保証をしないといけない。そこで自社で何十種類も購入し、無料で貸し出しているのです。それで良いものを上げてくれるわけです。仕入先さんにデメリットはなく、余分なものに費用をかけないことでその会社は利益が出ます。これもサービスです。基本的にこういう考え方でやっているのでサービス業だと考えていますね。相談役の代からやっていますが、相談役がサービス業と言う狙いでやったかどうかはわからないですけどね」

相談役から承継した理念は、正人氏でバージョンアップし、さらに磨きがかかり始めている。

ユーザーさんに対して安心感を与えるのもサービスである。では、何が安心感なのか。

従来ならばユーザーさんが管理することや懸念することを全部『ヤマセイ』でクリアにすることだと正人氏は考える。ただ値段が安いから買ってもらうのではなく、ここに出せば納期を待つだけ、その間安心してそれ以外の仕事ができるというように、安心感を持ってもらい、不要な手間やストレスから開放されることをユーザーさんへのサービスとして位置づけているのだ。

それがなぜできるのかというと、圧倒的に管理面を強化しているからである。ユーザーさんが本来なら管理しなければならないことを『ヤマセイ』に発注したら全部まかせられる、安心できるという、他社との大きな差別化を図る狙いもある。安心感を売りにする＝注文が来る。そういう流れが作られていることがわかる。

積み重ねる時間の中で承継構築

父親からは山本精工に入る一年前になって、いろいろな話を聞くようになった。今こんな社員がいるとか、誰が頑張っているとか、こんな事業をやっているとか。社会人同士として、会社の細かな状況の話ができるようになったのも対等な関係を築く礎となったのもこういう時間が関係している。

入社してからは、さらに現相談役と密に話をするようになったのだとか。以前は仕事の話ばかりだったが、最近やっとプライベートな話も出来るようになったと笑う。経営の承継にマニュアルはない。毎日話していることが目に見えないマニュアルになっている。

幼き日の劣等感

どんな人の懐にもスッと入っていく屈託のない笑顔と太陽のような明るさは正人氏のシンボルでもある。しかし、小さい時は暗い子どもだった。小学校の時はおとなしくて真面目な生徒。仲の良い友達の中ではムードメーカーだが、授業中に手を挙げるのは恥ずかしかった。目立つのが嫌だったのだ。それには理由があった。

正人氏には生まれたときから顔に血管腫といわれる赤いアザがある。仲のいい友達には心を許すが、幼いときから注がれる視線の影響もあり、みんなに注目されるのは恥ずかしかったし、見られるのが怖かったのだ。小学校では毎日目標があって「1日1回手を挙げましょう」というのがほんとに嫌だったと振り返る。

「だから、先生が他の子を指す直前に手を挙げて、今日の目標をクリアしたことにする、そんな小学生でした。逃げることばかりを考えていましたね。でも仲の良い友達は多かったので、人気者だったんですよ。スポーツも得意で足も早かったから、スポーツは1番。そんな

6年間でした」

根っこは明るく運動神経の良いタイプだということが伺えるエピソードだ。

小学校を卒業し、中高一貫制の男子校に入学して電車通学になったが、車内で人に見られるのが嫌で、毎日乗る車両を変えていく日々だった。思春期に入り、自意識から周囲にどう見られるかが、より一層強くなる時期ゆえに出る行動だったと想像できる。

「今思えば、ずっと同じ車両に座って、その景色と同化してしまう方が良かったのでしょうが、僕はそこにいることが耐えられなくて逃げていたんです。一方で、仲の良い友達の間ではムードメーカーでしたし、家では全く気にすることなく、両親や姉たちの中でなんのコンプレックスも感じずに育ちました。家の中ではひょうきん者、外に出たらおとなしくなってしまう。そんな年代でしたね」

振り返る正人氏の表情には、何かを乗り越えたからこその落ち着きが感じられた。

講演活動やセミナーへの登壇も増えている正人氏は、同じような子どもを持つ親御さんにアドバイスを求められることがあるが、「親が気にしないことが1番大切だ」と伝えている。

「1番の味方だと思っている親が、自分のことを気にしていることが子どもにとってはとても辛いんですよ。僕の父親（相談役・正夫氏）は、幼稚園の時に僕をどんどん外に連れ出してくれました。でも、母親はずっと気にしていたようですね。僕は私立中学校に進学しましたが、小学校から1番仲の良かった友達に、『正人と一緒に同じ中学校に行ってくれないか』と頼みに行ったそうなんです。そんな無理なことを頼むほど、母は僕が社会の中でうまく生きていけるかを気にしていたようです。また、25歳で結婚した時、母親は妻に『結婚してくれてありがとう』と泣きながら言ったんです。僕が結婚できないと思っていたのでしょうね」。

正人氏の話は、自らのハンディキャップと葛藤する一方で、愛情溢れる家庭環境で成長したことを物語っている。

二代目社長として働いていた父親の姿も話してくれた。

「父は仕事で忙しく一緒に遊んだ記憶はあまりないんです。他の家庭もこんなもんやと思っていました。思えば、運動会もあまり来なかったし、来ても（足の速い正人氏が得意とする）リレーと徒競走の時だけ来てすぐ帰る。僕が走るのを見て、1番を獲ったのを見て帰っていました。でも、1番になっても、2番の子と差が詰まっていたら『イマイチやなぁ』と言われたりして、褒められた記憶がないんですよ。褒められたのは会社に入ってから…と言っても、間接的に褒められるわけです。その当時、従業員から『社長が常務のことをこうおっしゃってましたよ』と聞いたり、妻に言った言葉だったり。それはとても嬉しいことですね。親父も父であるおじいちゃんに褒められたことがないから、褒め方を知らないのでしょうね。そんな父に育てられたわけだから、僕も褒め方がわからない（笑）」

人材は褒めて育てるのが当たり前となっている世の中で、二人とも「褒め下手」なのである。

「僕が褒めたら嘘でしょって言われる（笑）。褒め下手なんですね」

笑い飛ばす正人氏であるが、社員にはその優しさや想いは伝わっているのではないだろうか。愛情深く育った経験は細胞に刻み込まれ、積み重ねてきた経験と相まって、その人となりがにじみ出るものである。

人生が変わった瞬間

今は、血管腫に対してコンプレックスはない。そのきっかけとなったのは高校1年の時の合コンだった。高校1年の春に友達に合コンに誘われて、そこで1番人気になったのだ。これもまたひょうきんな正人氏らしいエピソードなのだが、男に自信がつくのは女の子がきっかけだと笑う。

「5対5の合コンで、そこにいた女の子全員が僕のことをいいって言ってくれたんですよ。半信半疑だったんですけど、それがターニングポイントとなりましたね。自分の欠点は自分が思っているほど周りは気にしていない、そのことに気が付いたんです。それから2週間に1回合コンに行って（笑）、常に人気者でした。当時バスケット部だったんですが、バスケより合コン（笑）。カバンに私服を入れて学校行って、合コン行く前に着替えて。授業中もトランプしたり、うるさくするので、教壇の真横に自分の机を置かれて生徒の方を向いて授業を受けさせられたこともあるんですよ。それがまた友達にウケて（笑）。高校の時が一番楽しかったですね」

視線を気にしていた中学時代とは打って変わって、本来の陽気さが全開した高校時代。さまざまな出来事が正人氏の人生を大きく好転させた。今まで抑えていた感情がいっぺんに開放されたことで、本来持っていたプラスのエネルギーが活躍の場を得て、自信に満ちあふれる人物となっていったのだった。

ところが、勉強は二の次になっていたため、高校3年時には、1科目だけとはいえ偏差値で25・4という結果を出してしまう始末。頼み込んで行かせてもらった塾だったが、そこでの態度も悪く、悪友と夜遊びするなどして、ご近所の人にも通報されたあげく、塾長に他の生徒の邪魔になるから退塾してほしいと言われたというから筋金入りである。

何とか退塾は逃れたが、勉強はせず、当然大学受験は失敗。浪人して予備校に通ったが、そこでも全く勉強せずに受験日を迎えた。偶然にも試験前日に勉強した所が出題されたおかげで、何とか大学に合格！　今思えば本当に親不孝者である。

両親と姉二人、祖母との生活の中、両親が厳しかったせいか、家では良い子を決め込んでいた正人氏。その反面、外ではハチャメチャなやんちゃ坊主だった。浪人することになった時、家族みんなから「賢いと思っていたのに、アホやったのか」と言われたことを今でも覚えているという。

祖母は優しいけれど厳しさもあった。正人氏はおばあちゃん子で、祖母を悲しませたくないという想いもあり、家では真面目な好青年、外ではやんちゃをするという生活だったのだ。さすがに無理が生じて、家でいい子を演じることもなくなり、内も外も正人氏らしい、表裏のない人生が始まった時期である。

大学では1年の時から、サークルを作ってみんなをまとめるリーダーシップを発揮。男子校のノリで、1日で20人ぐらい仲間を集めた。誰かのもとで活動するより自分らで好きなことやろうとサークルを作ったというから、正人氏らしい話だ。

就職の時は、いずれ山本精工に入るつもりだったので、勉強のために商社に就職した。

「このまま山本精工に入ったら、スタッフにちやほやされて僕は本当の出来損ないになるなと思っていたんです」

そのことについては父親とも話したという。現相談役の父・正夫氏には、修行のためにと他の会社から声がかかっていたにも関わらず、知らない間に初代が断っていたという経験がある。外で勉強したかった思いをずっとどこかに持っており、だからこそ、正人氏を外に出したいと言ったのだ。正人氏も外を見たいと思っていた。自分の力で飯を食えるようになりたい、いつか父に認められたい、その思いがあった。同じ業界では勉強にならないと思い、商社に入社した。

正人氏自身はあまり覚えていないが、20歳の頃、後を継ぐのは嫌だと言っていたそうだ。理由も覚えていないが、姉に話をしたそうで、姉は弟の正人氏が継いでくれないと自分に回ってくると思って焦ったと言っていたのだとか。それでも、22歳の就職活動の時には後を継ぐ気は満々だったというから不思議だ。おそらく嫌と言っていたときも本心ではなかったはずだ。中学生ぐらいのときから、山本精工の三代目として会社を継ぐことは決めていたと語る。父からは特に何も言われなかったが、父の背中を見て、その革新的な「技術の総合商社」を目指す企業としての推進力に憧れていたのではないだろうか。本章冒頭での「洗脳されているのかも」という言葉にも、父への尊敬の念が込められていることを強く感じる。

頭角を現した商社時代も笑いと行動の人

入社した商社では、内勤営業（営業事務）をした。4年目から外勤営業になるのが、その会社の基本キャリアプラン。正人氏は、いずれは山本精工に戻ることを視野に入れており、3年で辞める予定だったため、外で営業できなくても、中でどう営業したらいいかを考えていた。内勤の仕事は見積もりすることが目的だと思っている人がほとんどの中、正人氏は「見積もりすることは、受注するため」だと認識していたことで、他の社員との契約率の差が一気に結果となって出た。

全体の慰安旅行でも「お前が大阪の山本か」と言われるほど、山本の名前は全国に響き渡っていた。もう1人、名古屋支店に営業成績の凄い社員がおり、その人と正人氏の二人が全国の2トップと言われていた。「その方がまたイケメンで、くそ〜と思ったんです。男前やったので成績だけは負けんとこうと思いました（笑）」

慰安旅行での部屋がその人と同じになったのも、負けん気の強い正人氏の性格を見越して、会社が意図したことだったであろうと想像できる。しかし、それは、それだけ期待されていたことの証明である。

その頃の正人氏を語るときに、象徴的なエピソードがある。入社した年の、全社が集まる慰安旅行では、新入社員の自己紹介がある。自分をアピールするチャンスだと考えた正人氏は、大学のサークル時代のノリの良さを発揮し、全社員に内緒で、オリジナルの手作りTシャツを作るという宴会でのネタを仕込んだ。大阪支店社員みんなで掛け声をかけるときに「サッカーはガンバ、野球は阪神、〇〇は大阪！」の掛け声で、浴衣をバッと脱いでオリジナルTシャツを披露。狙い通りドッカーンとウケ、ここで名前と顔が一気に認知されるようになった。次年度の慰安旅行には「大阪の山本さん、漫才してくれませんか」と本社から依頼が入ったほどのウケようだったのだ。まさに、正人氏の明るく陽気でバイタリティあふれる才能が、社内にも浸透していったエピソードだ。

ところで、入社したばかりの新人がどうやって内勤営業で結果を出せたのか。

他の多くの内勤営業の人と違ったのは、見積もりを「値段を出すため」だけの仕事と考えず、見積もりは「受注を取るため」の仕事と考えていたからだ。そのため、出来る限りスピーディーに見積もりの回答をして、すぐに外勤営業の先輩に連絡を取り、タイムリーに得意先に営業に行ってもらうようにした。そんな、スピードと連携の良さが受注につながって行った。

「内勤の成績がぐっと伸びて、一カ月の処理件数、何件受注したかで全国で1番になったんです。従業員が250～300人ぐらいの会社で、内勤営業は全国で100名ぐらいいたと思います。その中で1番になったときは嬉しかったですね」

結果を出していると、やはり声がかかった。2年目の途中から、「いつから外勤に出る?」と、1年前倒しで外回り営業の打診がきたのだ。

副社長からも直々に飲みに行こうと誘われた。「そんなことは会社の歴史上1人もいない。お前すごいな」「お前きっと東京に引っぱられる」と周囲からも驚かれるほどの出来事となった。

その時、正人氏は「これはやばいな」と思ったという。出世街道への扉を前に、まさかそんなことを思っているとは、当時の会社の人たちには知るよしもなかったことだろう。3年で退社するつもりだったことは、正人氏のみが知る人生設計だったのだから。

実は、その頃、当時の社長（父）が人工透析で体調がよくなかった時期で、腎臓移植をしようかと検討していた時期だったのである。もし東京に行き、直後に退職することになったら、副社長の顔を潰すことになると思った正人氏は、早く退職の意思を伝えなければいけないと悟った。

副社長と会う前に、まずは上長である副支店長に実家の状況と退社の意思を伝えた。副社長からは、いっこうに上京しない正人氏にしびれを切らし、どうなっているのかと怒られたのは言うまでもない。

そんな正人氏だったため、商社を辞めてからも取引先からの指名は後を絶たず。「山本はどこいったんや。引っ張りたい」「どういう仕事してるんや。取引したい。どこいったんか教えてくれ」と連絡があったと先輩から聞いて、とても嬉しかったと誇らしく笑う。まさに、順風満帆の社会人人生、ビジネスの才能が認められ開花しはじめた商社時代であった。

一転したどん底の3年間

そんな具合にちやほやされ、天狗になって山本精工に戻ってきた正人氏。

「えらい目に遭いました。100人の中で1番やったのに、戻ってきたら7人の中で最下位。外勤営業してなかったこともありますが、前にいた会社で売れていたのは、何よりその会社のネームバリューだったんです」

前職の会社は業界の中では有名で、その時は気がつかなかったのだが、自分ではなく会社の名前で売れていたのだと、戻ってきてから気がついた。山本精工はノーブランド。しかも、天狗なっている社長の息子。顧客からしたらうっとうしいだけだった。

「今でこそ理解できますが、その時は全く気がつかず、社長の息子やから恥かいたらあかんと、余計な見栄や変なプライドを持っていたんですね」

知ったかぶりばかり、ものづくりの知識では、入社して半年の社員にも負けていたのだ。専門知識がないから他の部署のことは全くできない、そんな状態が3年続いた。しかし、この時のマイナスの経験が今に繋がっていくことになる。

3年が経ったある日。祖母から言われたひと言がやる気スイッチを押した。

「正人、いい加減ちゃんとしなさい！」

おばあちゃん子だった正人氏。仕事で忙しくしていた両親の代わりに、小さい頃から正人氏を精神的にも支えてくれた存在だった。

前職では、毎朝5時に起きて始発で会社に行き、帰りは夜10時をまわる生活だった。そんな生活の中で、毎朝おばあちゃんが朝ごはんを作ってくれた。夜もどんなに遅く帰っても、顔を見てから唐揚げを揚げてくれる。

「早起きしてくれて、自分はおいしいご飯が食える、夜も全部用意してくれる。おばあちゃんと過ごすその時間だけが僕のプライベートの時間でした。仕事の話を普通にできるのはおばあちゃんだけで、そういうおばあちゃんが僕は大好きでした。そんなおばあちゃんから苦言を言われて、やっと、初めてそこで気がついたんです。おばあちゃんを悲しませた、言いたくない一言を言わせてしまったと後悔しました。このままでは会社のためになれへんなと思って、おばあちゃんは僕に言ってくれたんだと悟りました」

余談だが、朝も晩も美味しいご飯を食べ、しかも食べてすぐ寝る生活が続き、肝臓を悪くしてしまったこともあった。そこで運動が必要だと週3回は仕事を早めに終わり、走るようになった。その成果があり、肝臓病も3カ月で治したというから、本当に行動の人物である。

やる気スイッチが押された

そこからの正人氏は、これまで一度も読んだことのない自己啓発本を、がむしゃらに読んで勉強するようになった。特に営業に関する本は、年40~50冊ぐらいは読んだ。それまでは課題自体が分かっていなかったし、何も考えず営業していた。読んでいるうちに営業とはこういうことなのだとわかってきたという。そして、そこに書かれていることをひとつひとつ実行していった。そうすると相手の反応が変わってくる。

例えば、一番言いたいことは、相手の印象に残るように最後に言って帰る。商談の一番最後に「これだけ覚えといてくださいね」と言って帰る。本に書いてあったことだが、そうすると商談相手が覚えて下さり、金額的にも品質的にも得意な仕事の見積もりをもらうことができた。そのおかげで受注も増え自信になっていった。

「僕は調子乗りなので、そこからバンバン新規が取れるようになったんです。東海地方はこれまで営業活動していなかったので、新規エリアとして契約を取っていきました」

未開拓だった地域にも、営業範囲を広げる新規開拓は正人氏が仕掛けていった。

正人氏が変わると、山本精工の中でも、その求心力が変わって行った。

「うちの会社は退社の時、事務所のメンバーに帰るぞ〜！　と言ってみんなで帰ります。これは先代社長の時から続いていることです。個々に一人ずつ帰ると自分のペースで仕事をする。そうすると工夫をしなくなる。みんなで帰る時間が決まっていれば、一人が遅くなるとみんなが待たないといけない。だからみんな必死で終わらそうと工夫するわけです。

もう一つは、次の日に疲れを残さないために、遅くまで仕事しないようにしています。眠たいまま出社すると仕事も捗らないし、プライベートも充実できない、という先代社長の考えをずっと承継しています。退社時間は、だいだい18時半頃、遅くても19時ですね」

効率良く仕事して、公私も充実。理想的な働き方は、山本精工では先代社長がずいぶん前から導入していた。この点でもやはり先代は「先見の明」のある経営者だとわかる。そして、その他とは一線を画すビジネス環境の中、三代目となった正人氏の良さも発揮されていったのである。これも大きな事業承継のポイントとなっているのではないだろうか。

トップダウンからボトムアップへ

「僕が入って変えたことは、トップダウンを止めてボトムアップにしたこと」

そうしたのには理由があった。

「まず入社して思ったのは、面白くない会社やなということでした。みんな真面目だけど面白くない。仲が悪くはないが仲良くもない。前職もそうだったけど、飲み会もそれぞれがワーワー言って飲んで終わるだけ。飲み会幹事は学生時代からよくやってきたので、もっとみんなで盛り上がって楽しくしたいと感じました。商社時代の大阪Tシャツと一緒で、みんなが同じことで楽しむことが大事だと思うんです。それであるときの飲み会で、全部自分で用意してヒゲダンスをやってみたんです。自分からみんなを巻き込んで…。そうしたらウケたんです（笑）。で、次何しようかなと。いろいろ考えて、1年間のうっぷんを晴らしましょう！と言ってケツバットするとか、パイ投げするとか考えたわけです（笑）。みんなで笑って盛り上がって仲良くなる。それをすることによって下からでも意見が言える関係性を築いていきチームワークを強化しました」

奇想天外な発想だったが、これは社内の風通

しを一気に良くした。

以前は、社長が白と言ったら黒も白になる、そういう会社だった。

「それは社長の能力が高いからやっていける。でも僕は能力が高くない。一年もいると前社長と僕の能力の差はわかってきました。普通に勝負したら絶対勝てないんです。だからみんなの力を借りるしかない。だったら変える必要があると」


正人氏が入社したときの山本精工は、2時間の会議でも全く意見が出ない状況。当時の社長の言われたとおりにする指示待ち族ばかりだった。営業担当者は、自分の売り上げの数字さえ知らない状態だった。これでは社長がいなくなったら終わってしまうと感じた正人氏。

「これはやばいと思いましたね。社員は、全体の売り上げのこともちろん知らないし、自分のことだけやったらいい、会社のことは社長が責任を取ればいい、そんな会社だったんですから」

そこで、みんなをまとめていったらいいのでは？　と考えたことから、まずは仲良くなろうと思い、先の宴会芸の提案につながってくる。しかし、見え張りな自分もいて、中途半端な3年間だったと振り返る。

「僕はアホもやるし、わからないことは聞くし、ある程度、会社の雰囲気も変わってきたので、4年目からは一気に変えることができたと思います」

ボトムアップの手始めとして、社内の声をもっと聞くことに注力した。全体集会や会議で「質問はないですか」と聞いても誰も手を挙げない。そこで、当時の社長がいない場を作らなければいけないという考えが浮かんだのは、企業に勤めていたときの経験が生かされた。社長や上長がいたら本音を言わない。正人氏主導のもとスタッフからの提案で、みんなで声をあげようと定期的に集まる場がスタートした。なるべく話しやすいメンバーだけで集まり、パート従業員やいろいろな部署も合わせて6人ぐらいのチームを3つ作って、週に1回、正人氏を含む3人が議長となり、少人数ミーティングを始めたのだ。最初は、愚痴、悪口もあったが、それを議長が提案と捉え改善にもっていくようにした。

例えば「この受注の仕方がめんどうくさい」という愚痴には、めんどうくさくないようにする方法を考えた。上司が「仕事やからめんどくさいなんて言うな」と言ったら何も変わらない。「めんどくさくないようにしよう」と考えたら会社は変わるという思いなのだ。社内でも、発想を変えてもらうために正人氏自身も変わっていったし、意見を言えば上の人も変わっていくという空気が伝わると、さらにみんながもっと意見を言うようになれる。

「愚痴や悪口が提案に変わっていく」

まさにそういう社内改革が始まったのだった。

数字に出てきた社内改革の効果

そうなると、売上がきちんと数字に表れ、その額は5億5000万から7億3000万に上がった。その後も、1億ずつ上がっていったことで、社員みんなに自信がついてきたのだ。

入社2年目の大人しい印象の社員に「なんか意見ないか?」と聞くと、「壁をぶち抜いてください。動線が悪すぎる。歩く歩数が多すぎる」と言われた正人氏。その意見を即座に採用し、百万円以上かけて壁をぶち抜いた。

「それがすごくよかったんです。社員同士の顔が見える関係の象徴となったと思います」

そのようにボトムアップで意見を吸い上げる仕組みは、正人氏ならではの経営手法といえるだろう。

また、そのようなやり方に関して、当時の社長が全く何も言わなかったことも、山本精工の成功のキーポイントではないだろうか。そのとき、社長は常務に本当の意味で経営を任せてくれたのだ。事業承継の成功の秘訣は「任せてくれること」「何も言わないこと」「覚悟を持って任せること」。この3つが大きく関わっている。

「何も言われないと『俺がやらなあかん』という危機感からか自発的に行動するようになります。その点で常に思うのが、うちのスタッフはすごい！　ということです。

僕は直感で話すことが多いのですが、新型コロナについてもやばいなぁとは思っても、東京での外出自粛が始まるまではあまり具体的な対策をしていませんでした。社員にも『手洗いやうがいをしておいてね』と言うだけで、実際に実行確認はしていませんでした。

ところが、東京での自粛が始まった翌日に、スタッフみんなが社内環境について真剣に考え、義務的に手洗い・うがいをする工夫をしてくれたのです。『テレワークもこうやって実施していきましょう！』と、こちらが考えていなかったことまで提案してくれたんです。僕が言わないと動かないような組織では、結局トップダウンになるし、そうなるとスピード感がなくなります。しかし、うちのスタッフはみんなで考えて提案してくれるのです。意見を言いやすい、やりやすい風土を作ったことが功を奏していることを、こんな状況のときにも実感しました」

「得意なことは得意な人に任せる」という考え方が浸透し、それぞれの専門性が伸びる社風ができたことを確信した。

新時代に目指すビジョン

よく「ビジョン」を掲げなさいと言われるが、これまではそれが課題で、ずっと模索し続けていた。

「異業種の経営者の方たちからいろいろと話を聞いて、その中からのヒントをメモしたり、テレビを見ていても参考になると思ったことは、なんでもメモしています。以前は響かなかったことも、今は参考にして考えられるようになりました」

かつて正人氏はそう話していたが、2021年、ついに、企業理念、経営理念・ミッションとなるビジョンが完成した。そして、それをスタッフ全員に2時間かけて伝えたという。その際に、山本精工の歩みを知らない人もいると思った正人氏は、全社員に会社の沿革から語り始めた。創業から現在に至るまで、どんな事業を展開しているか、売上、強みや弱み、特徴、目標、戦略、戦術にいたるまで、山本精工のすべてを伝えた。

「一度だけ話したところで浸透しないので、これから何度も伝えていきます。私のことももっと知ってもらおうと自己紹介もしましたし、私の想いも伝えました」信念を持ったまなざしの奥は熱く、まっすぐ未来を見据えていた

これまでのビジネスモデルであるネットワークをメインとしたものづくりは変えないで、この先も外注先にどんどんお願いしていくと語る。内製比率を増やす方法もあるが、そうしてしまうと他社との差別化ができない。

・技術商社としてサービスと管理で勝負する。
・売上は、一社顧客に依存しないよう多くても1社当たり10％以下にする。

理想を言えば、パーセンテージは低い方が良いのかも知れないが、そうなると管理が非常に複雑になるので、スタッフに負荷がかかりすぎてしまう。そのため、10％くらいがベストなのだという。

売上や利益に関して相談役とは少し違う視点を持つ正人氏。前社長には売上目標があったが、正人氏の目標は従業員の年収だ。

まず売上を上げたいのは、「従業員の年収を上げたいから」このひと言だ。目標は正社員の平均年収５５０万円以上にすること。その目標に対して一人当たりの売上をどれくらい上げたらいいかを逆算している。

売上目標を達成したら自分たちにどう還元されるかを示すことで、従業員のモチベーションアップに繋げる。直近の最大目標は２０２５年の売上16億円、営業利益率15％を掲げている。他にも、離職率・帰社時間・年間休日などの目標数字も決めた。それもすべては、従業員の幸せのために他ならない。

今、会社に足りていないことがいくつかあり、その解消に向けての試みも始まっている。まず、知識（ナレッジ）の属人化はやめる。ひとりだけが知識を持っているのではなく、共有化、明確化して、会社の構造に組み入れる。今までひとりしかできなかったことを二人、三人が出来るようにしようというものである。そうすることで、受注率・不良率の改善、また従業員がこれまでより短い期間で戦力となれるようになる。例えば、ひとつのミスが起こった際には、横展開し、情報を共有することで、次への学習にできる。そうすることで、入社1年目にして、先輩のノウハウを身に付けることができるのである。10人いれば10人の情報が入ってくることになり、スピーディーかつ濃厚に技術を身につけられ、業務レベルの差がなくなるというメリットもある。まさに、画期的な独自システムが構築されていっていることに驚きを隠せない。

次に、社内の間接費用の削減。つまり一人当たりの生産性を上げることにも取り組んでいる。これから勝ち残る為には、生産性向上もポイントの一つであるとの考えだ。

現在、月に2000点以上の商品を受注している。その商品を効率よく納品するために、新しいシステム導入や新たな取り組みを始めた。そのためにも情報の共有は必須で、先に述べた知識（ナレッジ）の属人化をなくすことで、社員の持つスキルの底上げをいかに短期間でできるかにもつながってくるのだ。

不良品がなくなれば、経費も減らすことができ、時間も短縮され、物の流れもスムーズになる。人の無駄もなくなり、社内の間接費用も下がり、生産性アップにつながることになる。安心感は担保しつつ、出来る限り簡素化していく。

正人氏はこんなことを言う、あえて「手間を取る」。プロとして、お客様が苦労されている手間のかかることをこちらが頂いて、「手間を引き受ける」のである。そうすることで、先方のスムーズな生産につながり、引いては、こちらの生産管理力アップにもつながるという考え方である。その中で、お客様の信用や安心感は担保しつつ、社内で省けるような作業は削っていくということだ。それが、まさにプロ集団のなせる技であり、厚い信頼を獲得してきた山本精工ならではの生産性向上の方法である。そのために必要なのが、ナレッジの共有化なのである。

そして、永遠の課題とも取れる人間関係の構築である。それには、人間力を上げることだと正人氏は考える。社員の人としての成長にまで関わってくれる会社があることに驚くばかりである。

そのために、人のスキルマップ、すなわち、山本精工の行動指針の作成を始めた。業務を通して人として成長することが最重要課題である。スキル以上に人間性を重視する。組織力を上げるため、これからの時代に勝つためには、人間力向上が必須なのである。「どこに行っても通用する人間をつくりたい」。山本精工の業務だけができてもダメ。重要な仕事は人間性の高い人に集まるそういう考えが根底にはあるのだ。

では、具体的にどういう人間になればいいのか。それを言語化しなければならない。そのために、社労士などの専門家も交えて、行動指針を作っていったという。言わば「人を育てるためのシステム」を作ったのだ。求める人材についてもしっかりと伝え、価値観を知ってもらいたいという思いがひしひしと伝わってくる。

「すぐに共感できなくてもいいけれど、これに向けて努力してほしいという指針を示すことで、社員全体が私と同じベクトルに向かってくれることに期待しています。自分の考えにいいなと思ってくれるメンバーと仕事がしたいですし、その方が楽しいと考えているからです。

社員一人一人がまだ勉強不足だったという課題にも着手した。売り上げが5億、7億の時、10億位までの課題克服は簡単だった。

例えば、「虫歯にならないためにはどうしたらいいですか？」と言う問いに対して「歯磨きします」というのは誰でも答えられる。もっと他にないかと聞くと、糸ようじとか歯磨きの回数を増やすとかの回答も出てくるだろう。しかし、もっとないかと聞くと、もう出てこない。そこからみんなで勉強して、最適な解を出していきたいと正人氏。

そのために2021年2月からは、社内勉強会を毎週実施している。同じ研修動画を観たり、テーマを決めて話し合ったりして、一緒に成長していきたい。また価値観を合わせていくのも狙いの一つだ。今までは自主性に任せて、各々自由に勉強してもらっていたが、これからは正人氏との価値観をあわせることも大事だと思っている。そうすることで、伝わり方に誤差が少なくなり、実行へのスピードや精度があがることにつながる。

勉強会は、現在、毎回十数名の参加者を持つ勉強会となっている。正人氏の考え方や、その後の参加者による感想のシェアなど、様々な意見を聞くことで、自分と違った視点に目からうろこが落ちるなど、新たな発見の多い時間となっている。

そのように、勉強会を通して、社員の持つアイデアの幅が広がり始めており、ひとりひとりが成長していっている。「スタッフを立派に育てることは経営者にとって大事な仕事」と言い切る正人氏の口から何度も出るのは同じ言葉だ。「社員が幸せだったら自分も幸せ」「すべてはスタッフの幸せのため」。正人氏にとっては、社員は家族と同じなのだ。

「僕の幸せは、社員が生き生きしていることです。僕が一番好きなのは仕事、趣味も仕事、しんどいのも仕事。だから、公私共々、目標は同じ。社員の幸せは自分の幸せなんです」

「僕のヤマセイでの個人目標は、名を残すのではなく、名が残ること」

「僕が山本精工を引退したときに、山本正人がいてよかったと言われたいですね。僕の能力では名を残す事はできない。みんなの力を借りて取りまとめるだけだから。でも、なんやかんや言ってあの人がおったからできたよね、と言われるようになりたいですね。それを目指して頑張ります」

そして、最後に「家族から応援される会社をつくること」

例えば、スタッフに自分の子どもを山本精工に入れたいと思ってもらえるとか、スタッフが悩んで辛いときに、家族の方が「もう少し山本精工でがんばれ」と背中を押してくれるような会社にしたいという思いがある。

正人氏の打ち出す新時代のビジョンに、山本精工の未来が少しずつ形を見せ始めている。

『年輪経営』を目指して

三代目社長・正人氏に、経営者として心がけていることは何かと尋ねた。

「何よりスタッフが幸せになるように！　そして、何ごとも山本精工にとってプラスになることかマイナスになることかだけを考えて自分の行動を判断しています。嫌いなこと・苦手なことでもプラスになることなら必ずやります。それだけです」

という答えが返ってきた。

具体的にどういうことを考えて行動しているのかというと、従業員満足度を上げることで、顧客満足度アップにつながると考えています。よく顧客第一主義といいますが、その前に従業員の満足度を上げることが大事だと思っています。これは僕の中で絶対的な方程式なんです。従業員満足度が上がるということは、仕事に対するモチベーションも上がり、会社のことが好きになると考えています。そして好きになると、会社に貢献したくなり、では「何が一番貢献になるのか」を考えると、顧客のニーズに応えることだと気付くはずです。そこで初めて顧客の顔が見え、顧客に対するサービスをより丁寧に考え、顧客に満足してもらうにはどうすればいいかを自ら進んで考えることにつながります。そうすることで、受注がリピートされたり、信頼がより強くなったりし、最終的には企業利益にもつながっていきます。そして、会社の売上が上がれば、従業員にも還元され、顧客・従業員の双方はしあわせになることができると思うんです。」

これが山本精工が目指すべき理想的なスパイラルなのだ。

一方で、不思議なことに、正人氏には会社を大きくしたいと言う気持ちは全くない。正人氏が入社した当時、売上5億円、従業員 23名だった。それが現在では、売上12億円、従業員65名になり、三代目としてここまで大きくなった功績は大きいと、誰もが思っているだろう。

しかし、本人は極端な話、このままでいけるのなら、現状維持でもいいとさえ考えているのだ。大会社にしたいと思うのは、自分のエゴだとの考えがある。大きくしても、社員のためにならないなら意味がない、それはエゴなのだと。社員の幸せになることなら喜んで邁進するだろう。

「僕の根本は『年輪経営』。樹木の輪っかです。ベンチャー企業のような、3年で100億円目標とかいう一気に業績を上げるような経営はやりたくない。なぜかと言うと、スタッフに負荷がかかりすぎるからです。そこまで負荷をかけて売上を上げようとは思わないのです。

少しずつでも良いので毎年成長できる年輪経営をしたいのです。山本精工は、スタッフたちの頑張りのおかげで成り立っているので、本当にスタッフたちには感謝しかありません。

入社して、自分が何もできないときも、スタッフに助けてもらってきました。今もそうです。だから、スタッフが幸せになること＝私の幸せ。そう言い切れますね」

これだけ、社員のことを頼りにし、その幸せを祈る会社があっただろうか。相談役が社長に「覚悟を持って任せる」。社長が社員に「覚悟を持って任せる」。まさに、山本精工が伸びている理由はそこにある。

時間をかけて、じっくりゆっくり、1年1年積み重ねて年輪を増やすように大きくさせたい。社員の負荷がかかりすぎないように、成長させたい。ここでも「社員が幸せだったら自分も幸せ」という想いが顔を覗かせた。

新時代でのさらなる発展を見据えて

「2020年4月からは、動画配信サイト『YouTube』でチャンネルを立ちあげました。『YouTube』の目的はいくつかあり、一つは社内を活性化すること。従業員を巻き込んでチームワーク、団結力を上げようという目的です。他にもSNSを使ってブランディングを行っています。

なぜこういうことをやっているのかをちゃんと社員にも伝えています。食べログでお店を選ぶように、うちのＳＮＳを見て加工屋さんやメーカーさんから問い合わせが来る、見積もりが来る、それが注文になり、売上利益になる、そして、給料が上がる、という説明をしたら、みんな理解してくれ、協力的になってくれました。社員を巻き込んで、みんなと一緒にやっていくことが最大の目的であり、メリットです」。

売上以外の目標を作りたかったことも大きな理由だ。若い年齢層にも山本精工のことがわかりやすいようにチャンネル登録１０００人を目指し、週一回の動画アップを続けている。目標は業界トップのチャンネルにすることだ。

さらに、未来に向けてのビジョンがある。

会社としては、世界の国々の目標である「ＳＤＧｓ」や「脱炭素」などの環境問題や人権問題にも関わっていかなければいけないと考えている。そのためには、どういうことで協力できるのかを考えて行く必要がある。営業活動とともに、ブランディングも駆使し、他社からの依頼が来るように知名度も上げていかなければいけない。また、ＢＣＰ対策（事業継続計画）も強化していく。自社だけで事業をするのではなく、これまで以上に多拠点化も視野に入れ、災害などが起こった際にも対応できる体制を作る。

そのような取り組みを発信するためにも、ＳＮＳでの発信を広報の戦略のひとつと捉えている。

そして、ユーザー、仕入先、求職者から選ばれる会社になるためには、どうすべきかをスタッフ全員で考えて、山本精工をＰＲし、社会貢献していきたい。

個人のビジョンは、すでに実現しつつある。

直近の目標は40歳までにモデルになること。そしてメディアに取り上げてもらうことだ。日本人初の血管種のモデルとしてメディアに露出することで、

・血管腫を広め、悩んでる人たちを勇気づけたい。

・コンプレックスで悩む方も助けたい。

・金属加工業を盛り上げ、人を集めたい。

そんな目標を掲げた正人氏。常に一歩も二歩も先を見据えるパワーに驚かされる人も多いだ

ろう。しかも、そのビジョンはすでに実現しているというから、更に驚かされる。あべのハルカスのブティックでモデルデビュー！　日刊工業新聞にも取材された。

これからもSNSを使って発信し続けることで、自社のみならず、業界全体が良くなることを視野に入れるのは、正人氏の器の大きさなのではないかと思う。

町工場などは後継者がいないから、2025年までにものづくりメーカーがもっと減ると予想している。さらにコロナ禍で加速するかも知れない上、若い人に人気がない、子どもが継がない。そんな業界になってしまっていることを憂う。正人氏自身が「仕事が趣味」だと公言するように、ものづくりの仕事の面白さ、楽しさを伝え、製造業界を盛り上げたいとの想いもあるだろう。

「一人でも二人でも集まったら生き残るメーカーが出てくると思うんですよ。それで仕入先さんが増えたら、僕らはそこに発注する。その循環で業界全体が上向きになれたら。だから『僕がやります』と立ち上がったわけです。なかなか難しいですけど、楽しみでもあります」

どこまでも、他者のことを考え、周囲の幸せが自分の幸せと感じられる感性は、受け継がれてきた〝山本精工スピリッツ〟となり、社員一丸となったベクトルへと進路を定めた。あとは、試行錯誤しながらも、太陽のような陽気さと前向きなエネルギーで、山本〝成功〟へのバトンをしっかりと両手で受け取った。社員の幸せと、業界の幸せ、そして、自分と家族の幸せのために。

第三章：ヤマセイ魂は社員に引き継がれているか

事業承継は現場にまで浸透してこそ

山本精工株式会社にあって、初代から二代目社長・山本正夫氏へと形を変えて受け継がれたヤマセイ魂。そして今、常務であった正人氏への新たな段階の承継がなされたことで、正人氏が新たなヤマセイ魂を現場へ落とし込み、新段階を迎えている。

この章では、経営する立場ではなく、社員＝現場として、それぞれの異なる部署からの視点で、〝ヤマセイ魂〟〝ヤマセイ流経営〟をどう感じ、どう伝わっているのかを4人の社員の方に社員代表として聞いた。なお、このインタビューは2020年4月に行なわれたもので、文章中に出てくる肩書は事業承継前のものである。この取材の時間差によって、本文記載の時系列順が逆になるが事業承継の「ビフォー／アフター」が鮮明に伝われば幸いである。

社員インタビュー

阪本　健　営業職　2016年5月入社

◆入社のきっかけ

ちょうど30歳になる年に山本精工に入社しました。それまで飲食業界しか知らず、自分でも店を任されるなど、働き甲斐のある仕事ではあったのですが、夜中まで働き、昼間は寝るという昼夜逆転の生活だったため、結婚も考えていく中で、将来的にこのままでいいのかなと考え、転職活動を始めました。しかし、飲食業以外の経験もなく、他業種での中途採用求人は、受けても受けても不採用ばかり。初めての内定をいただいたのが当社でした。

最初に常務と面接させて頂いたのですが、あまり自己PRが得意ではないので、とても緊張していた私を見て、常務がいろいろと話題を変えてお話してくださったんです。面接される側が一方的に自己アピールする採用面接が一般的かと思うのですが、自分を売り込むことがすごく苦手な私の性格を察して、常務は様々な話題を振って、私の内面を引き出そうとしてくれました。そのことに感激しましたし、「この人の元で働きたい」という気持ちが強くなりました。常務が面接官でなかったら、本当に通っていなかったのではないかと思います。

◆入社したときの印象

私が入社したころから、どんどん採用を強化している時期でした。

私は飲食業だったということもあって、数名という小規模で運営する店も経験してきたので、組織というより職人的な所があって、「教えてもらう」というより、「見て盗む」的な環境で育ってきたので、分からない事を一つ一つ教えていただける社風に驚きました。初日も私がすごく緊張していたら、先輩方がすごく声をかけてくださり、本当にやさしい人ばかりの会社だということに驚きましたね。

◆専門／仕事内容

営業一課にいます。最初は営業って何かあまりわかっていませんでした。営業以外の職種があること自体わかっていなかったんです。ですので、接客する以外の経験ありませんでしたし、営業を希望しました。初めの頃から既存のお客様以外にも、新規開拓にも力を入れて来ましたので、それは今も変わらないです。

みんなでやっていくといいますか、一丸となって目標に向かって取り組んでおり、何か問題が起こった時でも先輩や部署の方から助言をいただき、物事を解決していっています。

◆力を入れていること、心がけていること、モットー

今まで培ってきたもの、教えてもらったことをしっかり吸収して、お客様へ還元したいですし、既存のお客様はさらに売上を伸ばせるように取り組みたいと思っています。さらに新規のお客様、今までお付き合いできていないお客様に、うちのことを知ってもらって、うちと付き合うメリットをわかってもらうことに、一番力を入れています。

◆ヤマセイのいいところ

会社の強みという面では、全国の仕入先ネットワークを使ってものづくりしている所です。近年同業他社はどんどん増えて来ていますが、うちは数十年前からこのやり方を実施しているため、ノウハウや管理体制に関しては、どこにも引けを取らないと自負しています。そういったところが一番の強みですね。

社内的には、仕事に対して真面目といいますか、仕事を第一に考える人間が多いことでしょうか。さらに、意見を言いやすい空気感・雰囲気があります。トップダウンではなく、ボトムアップ。下の者の意見も吸い取ってくれ、提案することが許される環境がありあます。常務はじめ部長や課長など、役職のある人たちがそれを尊重してくれているので、言いやすい空気感がいいところだと思いますね。

◆ヤマセイの悪いところ⬇もっとこうしたら良いなと思うこと

みんな人がいいんですよね。いいからこそ誰も悪者にはならない。悪者にはなりたくない、嫌われたくないのはわかるんですけど、あかんことはあかんと、もっと厳しく言ってもいいんじゃないかと思ったりするときがあります。自分が飲食業でかなり厳しく仕込まれてきた経験があるので、余計にそう思うのかもしれませんが。

私自身ももっと上から厳しく言われないといけない部分はあると思うので、自分で気づくべきでもあるのですが、もっと厳しく行くところは行かないとダメな部分もあるのかなと思いますね。

社員数もかなり増えてきましたし、もっとメリハリをつけられたらいいんじゃないかなと思います。この点が、変わっていかないといけないところでもあるのかなと思っています。

◆ヤマセイに入って良かったと実感するとき

プライベートも大事にするという社風があります。うちの会社は午後6時には退社できるんですよ。６時に退社して、７時前には帰宅できるので、子供とも遊べます。それは私が入社する前に求めていたことでもあり、昼夜逆転の生活でいいのかと考えて転職し、入社して大きく変わったことなので、子どももでき、そこに関しては、すごくありがたいと思います。

本当に、社員ひとり一人を会社が大事にしてくれていますし、子供が生まれた時でも、「もうすぐ生まれそうなんです」というと、「もう帰り」と言って、私の仕事は誰かがフォローしてくれたりするわけです。そういう風に助けてもらえたり、フォローしあえる体制があります。

◆ヤマセイに対する今後の展望

自分自身としては、営業という場所で結果を出して、「こいつに任せておけば安心やな」と思われるような形には持って行きたいと思っています。また、私自身も役職であったり、高みを目指したいなとは思っています。そして、新しく入ってくる人たちにも、私達が上司・先輩からやってもらっていることを同じように共有して、「この会社に入って良かったな」と思ってもらえるようにしたいと思いますね。

◆正夫社長について

昔からいる社員さんに聞くと、怖くて厳しい部分もあったようですが、私が入社したころには、常務にバトンを渡しつつあり、社長は一歩引いた場所で見守っていらっしゃる感じでした。ただ、私なんかは、その存在だけで身が引き締まる存在でありましたね。

一方、会社での飲み会があった時に、社長ともお話させていただく機会があって、その時に私が「また今度ぜひ飲みに行きたいです」と言ったら、その場で終わってしまうことなく、「この日に行くか？」と本当にお誘いいただて、1対1で飲みに連れて行ってくださったのです。そこでいろいろお話させていただいたことがありました。普通だったら社長が一社員となんか1対1で飲みにいかないですよね。そんな家族的なところもあって、若手社員だけの飲み会にも来ていただける方で、やっぱり人間としてすごい方だなぁと尊敬しています。

結構、怒ったら怖い方だと思うんですが、怒り方にも愛がすごく感じられますし、だから今までこれだけの人が、社長についてきているのだな…と感じます。

◆正人常務について

社長以上に、さらに近づいてきてくれて、あまり壁を感じさせない人です。さらに、社長と同じで、人に対して愛を持って接してくれる方で、やっぱり社員を大事にしてくれるところを感じますね。

初めに話しさせていただいたように、社内の雰囲気を大事にされる方なので、空気感がちょっと悪いなという時は、何か対処しようと考えて、それも誰かに任せるのではなく、自分で打破していったりされていますね。そんなところも、この人の下で働きたいと思うところでしょうか。

◆メッセージ（社長・常務・仲間へ）

社長と常務について思うことは、親子なら息子に甘くなると思うのが常ですが、逆に厳しく、常務も甘えることなく、一方でお互いに認めてあっていることがしっかりとわかり、組織としてしっかりと整っていると感じます。

この会社に入って、私自身拾ってもらった気持ちがすごい強いんです。何十社も受けて落ちて来たので。そういった中で拾っていただいた恩をすごく感じているので、その恩をまだ返せてもいないですし、まだまだ私が引退するまで数十年あるので、恩を返して、採用してよかったと思ってもらえるような形に持って行きたいですね。

仲間へのメッセージは、「みんなでより良い会社にしていきましょう！」です。

坂元　和真　29歳　生産管理課　２０１４年7月入社

◆入社のきっかけ

私は第二新卒扱いで入社しています。

新卒で就職したのは、大手上場企業でしたが、そこならではのやりにくさがありました。転勤も多かったので、自分のためになるのかと疑問に思っていたのです。そこで転職を考え、就活の中で地元大阪の会社を探していくうちに、当社とご縁があったのです。ここにお世話になろうと思った決め手は、何社か就活で回らせてもらった中で、面接に訪れた際の雰囲気が独特というか、めちゃくちゃ社員同士の仲が良いのを感じたからです。

私としては、正直、疑心暗鬼みたいなところもあったのです。みんな和気藹々と仕事をしている会社なんて、私の経験上見たことなかったので。そこで、こんな会社に入社してみたいと思い、決めました。

◆入社したときの印象

実際に入ってみて、ここに決めたことは間違いじゃなかったと思っています。基本的に上司が自分のことを信用してくれているので、ずいぶん好き勝手やらしてもらっています。そういうところが良いところでもありますし、それ以外でもむちゃくちゃ良いところがありますね。

◆専門／仕事内容

部署は生産管理課。具体的には営業が受注してきたお客様からの案件をマッチングさせるために、見積もりを出し、仕入先さんにお値段交渉をする業務です。また、見積もりだけではなく、発注業務もメインでやっています。ひと言で言うと、仕入先さんと私たちとの折衝になります。納期とか値段をすり合わせするといった内容ですね。

営業はお客様からある程度、要望とか条件とかを聞いてきているので、それを私たちが仕入先さんへ条件に合わせて仕事をお願いする形になります。どうしてもAの加工屋さんでは納期がはまらない。そういった場合に、納期の間に合うところを探すのが私たちの仕事。そういうところで折衝というか、衝突することはあります。

しかし、不思議と解決できなかったことはありません。当社もずいぶん変わってきており、立ち上げた当初は仕入れ先さんが少なく、無理をお願いできる業者さんが非常に少なかったので、そういうことでご迷惑をかけたりすることも多かったのですが、どんどん分業が進んでおりまして、仕入先を探すだけのメンバーもいて、本当に劇的に、この4～5年、会社全体も体制も変わってきています。今は、ほぼほぼ無理ということはを言ったことがありません。

ここ4～5年で体制が変わったのは、きっかけがありました。

昔の当社のやり方は分業が全く進んでいなくて、よくある中小企業のやり方ですが、プレイングマネージャーのような形で営業が1から100まで、すべての業務をやる形になっていました。その頃は営業が見積もりも発注もやっていたのです。そういう時はお客さんに迷惑かけることも多かったですが、この流れではスピード感もなく、生産性も上がらないということで、当初営業していたメンバーが生産管理に回ったのが始まりと聞いています。そこから、採用を強化していき、生産管理課というのが確立してきたということです。

ですので、僕も含め今の生産管理課の古株は営業出身の人間がメインになっています。そこから新人の生産管理の募集もかけ始めているので、営業経験のない子も仕事できるように徐々に変えていっています。

私は営業職で募集がかかっていた時期に営業で入社しました。営業業務を2～3年経験後、「生産管理を強化したいからそっちに行ってくれないか」と、常務から話がありまして、それで生産管理に来ました。営業がマルチにやっていて、そこから分業しようと変わっていく分岐点くらいの時ですね。

私自身は生産管理課に来たからといって、業務上むちゃくちゃ困るとかはなかったですね。一応、私を含めた古株、3人の営業経験者で生産管理の地盤を作っていって…という感じです。今の新入社員に関しては、当初の私たちより困ることは減ったのではないかなと思います。

◆ヤマセイのいいところ

良いところがたくさんあって、短時間では語りきれません。一番良いところは、常務も社長もめちゃくちゃオープンな方なので、困ったことでもなんでも話せますし、自分のやりたいことができますし、会社を良くするためならいろいろな投資もしてくださいます。

投資内容や改善への取組は常務と意見交換しながら決定していきます。日々、小ミーティングがあるので、都度相談できる環境があるのはありがたいと思っています。他社では社長や常務と私たちのような社員が話をすることはまずない、なかなかできない環境だと思います。しかも100人規模とかで。そこが良いところ、めちゃめちゃオープンですよ。安心して意見が言えますし、社長も常務も私たちのこと信頼してくれるからこそ、任せてくれていることを日々感じています。

どの仕事も「完全に任せた！」といってくれるところは貴重な特徴だと思います。社長や常務にしてみれば思うところはあるのかも知れませんが、表立って怒ったりということは、ほぼないですね。昔は激昂するというのもあったのですが、社長も常務も人柄が変わってきたのかなと思います。お二人自身が仰るように、怒っても萎縮するだけで花開かないという経験があったのでしょうね。方針転換みたいなものがあったのかも知れないなと感じます。

◆ヤマセイの悪いところ⬇もっとこうしたら良いなと思うこと

今後の課題は、二つだと考えています。さらに分業化を進めること。そして、それぞれの部署での新人たちの能力の底上げですね。

新人を育てるのは難しいなとつくづく思います。例えば、個人個人によって教育の仕方も様々ですから、ひとりひとりに合わせた教え方を考えなければいけないのですが、私たちのような古い人間は、自分だけで勉強して来たという経験があって、自分なりになんとか知識をつけて、個人商店みたいな意識で仕事を身につけてきたので、人に教えるとか教えられるという経験が少ないのです。自分の弱点は人を教えられないところなのかも知れませんね。この数年で、自分の課題として捉えて、人を育てるために試行錯誤しています。人を教えることに正解はないのかなとも思いますね。

◆ヤマセイに入って良かったと実感するのはどんなとき？

ヤマセイに入って自分自身も変わったと思うのは、生産管理課に異動してからです。最初は「生産管理ってそこまで重要かな」と思っていたところがあったと思います。しかし、今となっては、「生産管理がいないと仕事が回りません」と、営業からも他のメンバーからも言ってもらえるようになりました。今の生産管理にいるメンバーで部署を育て上げたようなものなので、一番変えられたこと、実現したことは、今いる部署ですね。ゼロからの立ち上げからやってきたので。私自身そう思います。

生産管理課を作ったのは、私が入社した頃で、おそらく社長か常務が考えられたと思います。分業化したのは大正解ですね。していなかったら、当社はここまで発展できなかったと思うのです。分業できる仕事はまだまだあるので、もっと分業化を進めたいと考えています。

例えば、生産管理でいうと、私の仕事は見積もりと発注業務ですが、それも正直分けたいのです。それぞれが見積もりに専念、発注業務に専念するという形で区分けはまだまだできると思うのです。そうすることで生産性が上がるのではないかと考えています。

今は全部の業務ができないと生産管理の仕事にならない、そうすると全部できる人材は、今いる中で一部ですし、新しく入ってきたメンバーにそこまで要求できるかというと、なかなか難しい。なので、だれでもできる仕事にする体制も大事かなと思っています。

これは、次にバトンを渡すことも視野に入れているからできる発想です。うちのメンバーは部長が60歳近くになっているので、私たちとしても世代交代を進めていかないとと感じています。今、古株の部長らに負担が大きい業務がいってしまっているので、その人たちに少しでも楽をしてもらえるように、という思いもあります。うちでいちばん、分業が進んでいないのが、常務自身が売り上げを持っているところ。本当はこっちで取ってしまって、少しでも経営に専念していただくようにさせてあげたいなあ、というのは個人的に思っています。

他には、中途採用メインから徐々に新卒採用もしてみようという活動も始めており、常務も動いてくださっています。どうしても、中小企業は多少の能力ある人を採用するというのが、採用の前提ですが、新卒採用となると、教える方もある程度余裕がないとできない業務なので、会社としても成長があると思うのです。

新卒を採用する理由・背景は、今、人材不足で、中途で募集もしているけれども、なかなか難しい、人材も少ない。そういった意味で新卒を考え出したのです。

◆ヤマセイに対する今後の展望

今、やりたいことは、完全リモートワーク。その環境を作っていきたいと考えています。そして、ペーパーレス化。この業界特有なのですが、ペーパーレスが全く進んでいないのです。だから、見積もりのやりとりもメールではなくてＦＡＸでやりとりしている。まだまだ浸透していないので、そういう部分を当社から始めていったら、もっと仕事の効率も上がると思うのです。今まで紙媒体でやっていて紛失とかもあったので、きちんとエビデンスを残すという意味でも、データで管理できたら会社としても効率も上がり、自分としてもどんどん良くなるかなという考えがあります。それも、今、上司と話してこんなんが欲しいですとか、こういうシステム利用したらもっと効率上がりますよとか、話しています。

相手先は古い体質のところが多く、そこが一番の私たちの悩むところ、個人でお仕事されているような零細の方が多いので、投資もできない、それでもちょっとでも良くなるように、こういうところを改善したらとか、アドバイスします。当社としてはできる範囲で改善してほしいと考えていて、例えば、できないからといって切り捨てるとか、そういう仕事のやり方はしていません。どちらかというと、「仕入先さんと寄り添って一緒に成長していきましょう」というのが当社のモットーです。

◆正夫社長について

社長の人柄、まだまだ現役バリバリでできる能力がある人。今は常務にお任せなので、思うところがあっても口出ししないと自分でも言っておられるので、なかなか我慢して、しんどい苦しいところもあるかも。別の方法で自分を活かせる方法もあるでしょうから、引退されてからも頑張っていただけたらなあ、と思います。

私個人としては、社長に採用してもらったので、まだまだだいてほしい気持ちはあるのですが、社長はよく「次は常務の時代やから、お前ら助けたってくれな」って言われているので、私も常務に頑張ってもらいたくて、常務についていくという考えでいます。やはり信頼関係ですね。私もなんとかそれに応えたいと思います。

◆正人常務について

常務が私のOJT担当として、入社当時から教えていただいていたので、本当にお世話になった人です。当初は個人の売上もだいぶ持っていた人なので、本当にお忙しい中、お世話いただきありがたかったです。また、私がちょうど生産管理に異動になるタイミングで、常務という役職になられました。それまでは、ザ・営業マンという感じでしたが、今ではめちゃくちゃ視野が広くなっていきました。経営者というか、全体見て仕事しなくてはダメだ、という考え方に変わったのかなと見ていて思いますね。

◆メッセージ（社長・常務・仲間へ）

入社以来、本当いろいろと迷惑をかけてきた中で、それでも諦めずいろいろ教えていただいて、ポンコツな頃から（今もまだポンコツやし、成長過程ですが）本当に手助けしてくださって、今ではようやく自分に後輩ができて教える立場になりました。それも、社長、常務はじめ地道に私の相手をしてくださったおかげかなと思います。私にしてくださったこと、これからも頑張ろうと思います。よろしくお願いします。

具体的にどういうところを指導してもらったかというと、営業から生産管理に来たところが大きな転換期でした。営業の時は、個人の売上も非常によくなかったのですが、私の使えるところを考えてくださって、私個人としては、行き場所がなかったところを拾ってくださったという思いがあり、そこは感謝しかありません。

生産管理に部署異動させてくださったことが何よりの感謝です。ずっとそのまま営業をやっていたら、たぶん腐って自分で勝手に「辞めます」などと言っていたかもしれません。「このままではしんどそうやから、こっち来たら」って声をかけてくださったのです。そこで私も気持ちを切り替えてがんばり出した、そういう経緯です。

今後ヤマセイを盛り上げるために、決意も新たにと考えています。私たち20代後半30

代前半がもっと仕事をできるようにならないと、先輩たちが安心して引退できないので、その人たちに気持ちよく引退できるように、「お前らに任せた」と言ってもらえるくらいの人間になることが、これからの私たちの仕事だと思っています。

末竹 健一　42歳　営業課長　2007年入社

◆入社のきっかけ

転職で入社しました。以前は外食産業におり、飲食店に勤めていました。入社のきっかけは、公務員の義父から、「飲食業は体力勝負。一生きっちり続けられる仕事に変わった方が良いのではないか」という話がありまして、それで転職をしようと決意しました。

私の中では何がしたいというより、どういう人の元で働くかが重要だったのです。その葛藤がずいぶん昔からありましたね。社長がどういう人かは入ってみないとわからないのですが…。元々はサービス業だったのですが、かねてから営業がしたいという思いがずっとあったので、営業の面接を数社受けることにしました。3社応募したのですが、私は極度の方向音痴で、相当時間に余裕をもっていたのですが、他社の面接会場に辿り着けませんでした。しかし、3社目のヤマセイには間に合ったのです。場所がすぐにわかりました。本当にこれは直感なのですが、ご縁があったのだと思います。

◆入社したときの印象

正直、みんな優しいです。みんな良い人ばっかり。悪くいうと、仕事に対して甘い感じでした。飲食業界ではちょっときつかった部分もありましたから…。ヤマセイはのんびりではないけれど、人間ができている感じを受けました。

◆専門／仕事内容

営業職についてですが、私は入社してすぐ社長に「取引先は、引き継ぎよりも新しいところばかりを担当したい」という話をしたのです。引き継ぎはいらないと。先輩の様子を見て、わからないなりにも新規の電話をして、人同士なので行ってしゃべればなんとかなると思っていました。しかし、最初はなかなか新規獲得は難しかったですね。もう根気よく上司の仕事を研究しましたね。今あるお客さんはどういう業界なのか、どういう仕事を取って来ているのか、上司の持ってる図面ファイルを引っ張り出して勉強しました。同行もしましたが、あまりきっちりとしたノウハウがあったわけではありません。背中を見て覚えるという感じでしょうか。そうしていく中で、自分のやり方を見つけました。また、社長からは「絶対芽がでるから頑張れ！」と背中を押してもらったのです。私は、ほとんど社長から怒られた記憶はないですね。優しいイメージです。

最初、新規獲得がなかなかできなかったとき、社長が「飲みに行くぞ」と誘ってくださり、二人で飲みに行きました。仕事のことやプライベートのことなど、いろいろな話をすることができたのです。はじめてサシで飲んで、社長が会社を引き継いで苦労した話、どういう思いでいたかなど、常々聞いていたこと以外も聞く機会となったのです。やはり社長自身が苦労されているので、いろいろ教えていただいたり、「そう簡単な仕事やないやろ～」と言われ、「そのまま努力を続けていたら絶対いける」とも励ましてくださいました。本当に私は社長に人生を築いていただいたと思っています。妻も子供もいっしょに社長のご自宅へ遊びに行かせてもらったり、家族ぐるみで交流させてもらっています。

◆ヤマセイの良いところ

良いところは、経営者と従業員の距離が近いところです。親身になってくれて、社員の幸せを何より願ってくれる会社は貴重なのではないでしょうか。私だけではなく、他の従業員にとっても、貴重な良い会社だと思っています。

常務とは特に直接話をする機会が多いです。いろいろ気遣って声をかけてくださったり、いつも社員に声をかけてくれるので、すごく良い会社だと、社員全員が思っていると思いますね。定期的なミーティング以外にも、面談がありスタッフ全員の70人と行います。

常務の観察力がすばらしいのです。社長も同様ですが、社員の顔色をひと目見るだけで、いつもと違うと感じ「あいつ見てやってくれ」などと仰ることができる人です。体調が悪い時とか、仕事でトラブルを抱えている時とか、人によってはプライベートで何かあるかもしれないときにも見抜いてくれるのです。「いつもと違うということはいつも見ているということ」。私もけっこうたくさん声をかけてもらっていますね。「仕事はスムーズに行ってる?」「部下に対して声かけてやってくれ」など。凄すぎますよね。信じられない。重くは感じませんね。いつもと様子が違うからといって批判するのではないので。

◆ヤマセイの悪いところ⬇もっとこうしたら良いと思うこと

悪い点というか、経営者は従業員を引っ張って行きますけど、従業員からしたら、そこに乗っかりすぎないで、従業員同士でも、もっと引っ張り上げることができれば、さらに良いと思います。そのためにはやっぱり部署長の権限を明確にする。組織を強くするのが良いと思います。まずは「社長!」という雰囲気があるので。カリスマ社長の元で、上司の言うことより社長の言うことが大事になってしまっている部分があります。分業が進み始めている中で、それぞれが責任を持つことも意識していく必要があると思いますね。

◆ヤマセイに入って良かったと実感するのはどんなとき？

今までのエピソードが語るように、一生ここでがんばりたいと思える会社ですね。

◆ヤマセイに対する今後の展望

現在の常務が2021年に社長に代わられるのですが、私としては、経営者が望むみんなの幸せを、そこをサポートしたいと考えています。常務は心の人で、逆に私はそうではない部分もあったので、ムチもいるんじゃないのって考えていたけど、常務はムチではなく対話を通して解決する人です。私は後輩に対して感情的になる部分もあり、それで解決できれば良いのですが、常務は決して感情的になることはありません。やはり対話です。

事業承継については、3～4年前から常務が大部分を見るようになり、引き継ぎができているると感じます。

もちろん、やり方は違います。社長は自分の考えを出して、ついてこいというタイプ。個人に裁量は渡し、個人商店ではないですが、好きにやれというタイプ。常務は個人の裁量は認めるけど、みんなで話し合って、みんなで作り上げていこうというタイプ。みんなの意見が常務の意見なのです。

もちろん、私の意見も多々取り上げてもらっています。組織的なことでも、こういう形にしたほうが良いのではないかとか、やり方はこうしたほうが良いのではないかとか、いっぱい取り上げてもらっています。ただ、意見が異なったときには、それはこうと違うかなと言ってくれるので、なんでも受諾するわけではない。ミーティングなどを日頃から重ねて話をしています。

◆正夫社長について

社長は私の人生を築いてくれた人です。優しい、思いやりのある人ですね、お尻も叩いてくれます。厳しい中にも、本人のためになることを教えてくれる本当の思いやり、優しさを持つ人だと感じています。社長は本当にいろいろとご苦労されて、体も悪くされたりしています。

ときには無茶なお客さんに遭遇することがあります。そういう無茶をいうお客さんには毅然と戦う社長。社員に対しても、「我慢せずに、お客さんをなくしても喧嘩してまえ。お前が正しいと思っているんならそれで良い」といってくれる人なのです。「その代わり、自分で取り戻したら良いやんか」というタイプ。しかし、信頼を頂いているお客さんに対してはとことん信頼で応える、人間的にも尊敬できる人です。

◆正人常務について

楽しいことが大好きな人ですね。楽しくてバカになっていることも多いけど、それでも冷静な人です。物事をきっちり考えながらやっている、観察眼がすごいですね。優しいし、礼儀正しいから、誰からも好かれるのがわかります。最初、常務が入社した時、社長は常務に対して、他の従業員に対する以上に厳しかったですね。今も社長に対して常務は敬語ですよ。「若貴」が相撲部屋に入った時、息子ではなくて弟子であったみたいに、ひとりの社員なのです。

◆メッセージ（社長・常務・仲間へ）

社長には今まで本当にお世話になってきていて、私の成長を見せるのが私の義務だと考えています。ずっと成長していかないとダメですね。

常務は私の一年後に入られたのですが、お互い、一営業マンとしてやってきました。今は立場も変わって話す内容も変わってきましたが、もっと勉強してついていこうと思います。頑張ります！


仲間は、みんな本当に仲が良いですよ。タイプは違うけど、みんな根は真面目というか芯の強いメンバーが集まっています。本当によくここまで集まったなと思うくらいです。入社して、経験して、成長していくことで、みんな良い方向に人間性も変わっていっていると思います。

「未来は明るい」しかない。経営者もメンバーみんなも良い人なので、あとはやり方、個の活かし方、その辺りですね。上司、部署長の存在も重要になってきますし、新しいビジネスモデルとか、そういうことも出てくるでしょう。経営者だけでなく、従業員も継続的な勉強は続けたいですね。一緒に提案できる会社になれば良いと思う。

船井　建二　59歳　統括部長　平成7年入社

◆入社のきっかけ

私は、高卒でシャープに入社したのち6年で退職。その後は和菓子屋を経て、平成7年に当社に入社しました。それぞれ全然違う業界でしたが、ものづくりは共通しています。当社に入社したのも「ものづくり」だったことがカギでした。ですので、当初は現場におりました。

◆入社したときの印象

入社前は、業務内容はわかりませんでした。普通の町工場だと思っていました。今やっているような、協力会社さんとものづくりをしていくというビジネスモデルは当時からあって、そういうこともやっているのだなと思いました。

入った時は、総合商社という概念は深く考えておらず、NC旋盤などの機械を使って部品を作ることに興味があって、作る技術を覚えたいと思っていました。

入社して8年ほど経った時に生産部門から営業に変わりました。前職は職人として、会社の建物の中でずっと仕事をしてきたので、外に出ていく仕事はどういう風にして良いのか戸惑いもありました。営業の仕方は、先輩たちが担当していたユーザーさんを引き継ぐことで、やり方をほとんど教えてもらい覚えていきつつ、自分でも新規を開拓したりしていきましたね。

◆専門／仕事内容

統括部長です。メインでは生産管理課を見ながら、全体を見ているポジションです。

常務を支える立場であり、古くからの社員でもあるので、自分の意見を伝えるタイミングも、色々あります。

社長は会社以外の場所で、飲みに行って話を聞くとか、社長も私が若い頃は「飲みに行って話聞いたるわ」という感じでいろいろ聞いてくださいました。常務もそういう場面を頻繁に設定してくれます。昔から社員の声を聞いてくれる体制がある会社ですね。会社では言いにくい話でも、場所が変われば言いやすいですよね。仕事だけでなく、私生活の相談にも乗ってもらえるわけです。私からすると、社長はお兄ちゃんみたいな存在、そういう思いをずって抱いています。常務も社員のことを思ってくれる人です。仕事では厳しいこともありますが、基本は家族的な親身な雰囲気でアットホーム。社員のことを思っていただいていますし、それが伝わってくるから、頑張れるという部分はあります。

私は、離婚したタイミングで入社しているんですが、再婚のときも社長に相談したほどです。仕事の上でも、「お前はこういうことに気をつけなあかん」「ここを頑張らなあかん」というようなことを親身になって話してくれるのです。そういう部分で、きつい言葉であっても、きっちり教えてくれることがわかるので、しっかりとした本音の信頼関係が出来上がっていると感じています。

社長が体調を崩された時がありました。社長が入院されて、不在となった時は、当時はまだまだ個人それぞれがやっていくという感じだったのですが、前営業部長が中心になってまとめてくれていました。

●事業承継について

私は先代の社長は存じ上げないですが、現社長が二代目、現常務が三代目になります。どちらも社員に対しての気持ちが、言葉でも態度でも出てくる人です。私たち社員からすれば、働きやすいすごく良い会社と思います。

社員数が昔と違います。私が入った頃は20人くらいでしたが、今は60~70人、それ以上ということで、やり方は変わっていくと思いますね。

今の社長はトップダウンで決めて走っていくタイプでしたが、常務は社員のいろいろな意見を聞いて決めてくれるように変わってきています。しかし結局決めるのは経営者なので、そこで決めたことは従っていきます。

決める要素としては、私たちの意見をいろいろと聞いてくれるほうが良いかなと思います。いろいろ吸い上げて、じゃあこうしようかと言うと、ついて行きやすいですね。

●組織について

弊社の大きい課題の一つだと思います。これまでは個人采配で全て動いてきたので、役職の有無に関係なく、いきなり社長や常務に相談や提案をしてきました。

ただ、それでは周りが把握しないままに進んでいくことになり、個々に色んなやり方が発生しました。人数が増えるにつれ、この体制では不効率や立ち止まることが多く、組織の体制を整える必要が出てきました。

そして、組織として共通共有を増やすために、いきなり社長や常務にではなく、直属の上司から上への報連相体制へと数年前から変更していきました。

しかし、以前のやり方になれてしまっているので、なかなかスムーズにいっていないのが現状です。

●分業について

今までは営業のAさんにアシスタントがつき、二人で注文を受ける、見積もりをする、発注する、ものが上がってきたら納品する、梱包の準備まで全部二人でやる流れでした。そうなるとお客さんが増えてくると回らなくなりますよね。そこで、数年前からそれぞれ仕事を分けようということになりました。

営業はお客さんのところに行って仕事をもらってくる、生産管理は見積もりと納期、物を作ることをする。納品グループは納品の準備をする。という風に専門的に分業するようになりました。

◆ヤマセイの悪いところ⬇もっとこうしたら良いと思うこと

当時、私が会社で一番感じたのは「個人商店」ということ。なぜかというと、現場は職人がいて、職人は自分の仕事だけを見つめているわけです。自分の仕事と自分の売上だけ、人に教えることはない、昔の職人の世界です。営業は営業で、自分の売上だけ、会社全体より自分のノルマが達成できたら良いという感じでした。そこは嫌だなあというか、変わってほしいと思っていました。

今は若い人たちが入ってきており、社長や常務、社員も、全体を見ていこうという方針になって、言いたいこともすぐに言える環境も整い、自分だけのことでなく、互いをフォローしながら、気遣いながら動くようになってきたのは大変良かったと思っています。

当時は仕事の話しますが、あまり会話することもなく、それぞれが自分の仕事をやっていたら良いという感じだったので、社内的にはバラバラという印象でした。自分がやらなければいけない仕事、与えられた仕事だけをやる、自分の仕事をやっていたら良いという人が多かったように思います。

変わるのには時間がかかります。人が入れ替わるタイミングで変わっていきます。人のやり方は口で伝えてもなかなか変わらないので、新しく入って来た人が、前からいる先輩にもの申してもなかなか変わらない。私が30歳代で入ったとき、営業も現場も50代くらいの方が多かったので、年の差が開いていました。年配の方々が定年で退職していくと同時に若い人が入ってきて、会社の雰囲気も変えていこうという中で、徐々に変わってきました。

◆ヤマセイに入って良かったと実感するとき

当社に入社して良かったと感じるのは、社長、常務の人に対する繋がりです。それが一番良かったと感じます。人と話をしたり、人のことを考えたり、人間の基本だと思うのです。人と楽しくやっていく、うまくやっていくこと。私も人が大事だと思っているし、会社も人が大切だと思ってくれている。繋がりがあることが会社にとって一番大切なことだと感じさせてくれる会社であり、社長であり、常務です。

◆ヤマセイに対する今後の展望

組織が重要なポイントだと思います。これからも従業員が増えていきます。統制が取れる、連絡がつながる、そういう組織に社員みんなが慣れて、各部署で責任を持って仕事をする、というような体制になっていけたら良いかなと思っています。

◆正夫社長について

トップダウンで指示するタイプです。優しそうに見えて、怖い部分、普段からは想像できないくらい厳しい部分もあります。それでも、その奥に社員に対する愛情の気持ちが溢れているのです。

体調が悪い時期もあり、それが心配でしたが、常務が入ってこられて来年には社長になられるということで、安心しています。

◆正人常務について

常務も入社された時はまだ20代の若さでしたし、社会に出てそんなに経っていなかったので、経験もない。しかし、ものすごく勉強されて、今では私たちが勉強できないことも教えてくれます。入ってきた時は頼りない感じでしたが、今ではついていけるように成長されており、頼もしい限りです。

私が入社した頃、常務は中学生くらいでした。当時は、工場の上に社長の自宅があったので、朝や夕方に当時の常務を見かけたりしていました。

それが、社外で勉強されて、うちに入ってこられて、当然やり方も違うし若いし、私はちがうのは当然と思っていました。

しかし、最初の3年は苦労されたと思います。

「もっといけると思っていたのにいかれへん」

そういうことを体験されたことで、若い人が入ってきた時の見る目を培ったと思うのです。苦労された3年があったから、勉強もしただろうし、どうしようと考えたと思うし、社長に相談もされたと思います。そこで腐ってしまう人ではない。そこはなんとかしようと頑張ったと思います。まだ30歳代ですが、いろいろな人と話もできるコミュニケーション力をお持ちです。私は社長に恩も感じているので、当然、私がいる間はついて行くというか、一緒にやっていきたいと思っています。

◆メッセージ（社長・常務・仲間へ）
せっかく一緒の会社で働ける、巡り会えた仲間です。厳しくも楽しく、会社にいる時間は一日8時間、起きている時間のうちの長い時間を一緒にいることになるのだから、楽しくないと、仕事も捗らないし、面白くないし、喧嘩もするけど仲の良い会社でありたいと思っています。困っている人がいたら、当然助け合うのが当たり前だと思っています。

第四章：顧問行政書士から見た「山本流事業承継・経営法」

山本精工の顧問行政書士に西元康浩先生がいる。山本正人にとって、日常的な会社の経営はもとより、組織のこと、人事のこと、事業承継のことを逐一相談してきた人物だ。
今回、本の出版にあたり、山本精工で事業承継はどのような経過を辿ってきたのか、またあらためて山本精工の成功への経過や流れ、山本精工の経営についてなどを顧問行政書士の観点から総括いただくこととした。

私は、一般社団法人日本知的資産プランナー協会（略称：ＩＡＰ協会）の理事長を務める行政書士の西元康浩です。ＩＡＰ協会での私の仕事は、中小規模企業の経営支援【敬聴力】による伴走型支援）を中心に36年になります。本書の山本精工株式会社での事業承継、そして、その経営スタイルは、中小企業とりわけ製造業としては、極めて稀な、そして、我が国の中小企業が注目すべき姿とも言えます。

中小規模企業の今日の状況は、経営者の平均年齢が59・9歳（帝国データバンク調べ）と言われ、年代構成比をみると、「60代」が構成比28・1％を占め最多、「50代」が同26・4％、「70代」が同19・7％と続きます。そして、この最も多い年齢の60代経営者の約7割の方は後継者が決まっていないといわれているのです。また、日本での企業者数の変遷で2019年からの15年間のデータでは、約100万事業者の減（リーマンショック時に40万社近くの減）であり、近年に至っても減少傾向は続いています。

そして、この減少傾向においても特筆すべき傾向が先の「60代経営者の約7割の方は後継者が決まっていない」に起因する廃業なのです。これまでの廃業原因は、赤字経営いわゆる「債務超過による破綻」でしたが、驚くべきことに近年では廃業事業者の約40％が、黒字経営での廃業なのです。つまり、後継者不在を原因としての廃業なのです。

それほど後継者の選定は難しい問題であり、簡単には決められない重要な問題でもあります。その意味からも山本精工での後継者へのスムーズなバトンタッチは、ある意味驚きといえます。

また、経済産業省から経済白書等で最も力を入れて推奨しているのが、事業承継時期の早期化です。「30代から40代前半で事業を引き継いだ経営者は、事業承継後に前向きな取り組みを行うことで、業況を好転させている割合が高い。」

まさに山本精工の変遷そのものと言えます。では一体何が、山本精工をこれほどまでに、国の推奨する「中小企業の進むべき姿」のお手本のような企業にさせたのか？

それは、2代目社長である正夫氏の放った一言に尽きる。

「多くの同業者の社長は、職人だが経営者ではない」なのです。我が国の製造業者の多くは、優れた職人ではあるが経営者ではないのです。

このことは、私がこれまでに関わってきた製造業でも、本当に強く感じることなのです。また製造業に限らず、サービス・小売り・卸業や建設業に至っても、中小規模企業と呼ばれる事業体では、多くの経営者の気質は「自分が頑張らねば、自分の力量やセンスが企業の力量」との思いが強いのです。

だからと言って、彼らがダメな経営者ということではありません。むしろ、より良いものを作ることへの熱意や、その工夫へのチャレンジ精神は、世界にも類を見ない優れた能力だと断言できます。戦後の日本経済を高度経済成長へ導いた原動力は、間違いなくこのような彼ら中小企業経営者の力や想いだったのです。

しかし、ＳＮＳの普及に伴う情報の伝播スピード、物流システム等のインフラ環境が飛躍的に整備された今日、世界的に物理的距離は大きく様変わりしました。

そして、顧客のニーズは、ますます多様化し、日々進化するクラウドアプリを使っての新規サービスの誕生など、目まぐるしく移り変わる経済環境なのです。

もはや、「誰かひとりの優れた能力・力量を頼みとしたビジネス」では、対応できない時代なのです。つまりは、正夫氏の放った「多くの同業者の社長は、職人だが経営者ではない」に言われる通り、優れた職人では無く経営者としての視点が中小規模企業に求められる時代になったのだと言うことです。

少し話が堅苦しくなりました。簡単に言えば、「一人の力よりみんなの力」が本当に求められる時代になったと言うことです。

私が山本精工株式会社の２代目、３代目、従業員さん達のお話を読ませて頂き、素直に感じたのは、「みんなで頑張る会社」といった企業風土の魅力です。

2代目社長である正夫氏の語る初代社長のイメージは、まさしく「強いリーダー」であったと思います。ただ、言葉を換えればワンマンであったとも言えます。

然しながら、当時の経済社会・環境では、他社との競争に勝つことが経営の全てであり、その為には、中小企業の経営は売上が第一であり、生き残りの為には、より強い力を持つ大手企業の懐に如何に入り込むか、引き立てられるかが全て。といった時代での「強いリーダー」だったと思うのです。

そのことに対して正夫氏は、認めつつも反感を禁じ得なかったとも語られております。

正夫氏は代替わりをして、僅か2年でバブルの崩壊といった史上まれにみる経済的危機に遭遇。しかし、この大ピンチに最も威力を発揮したのが、先代への禁じ得なかった思いと言えます。先代のリーダー力には、反面「強いものには巻かれるべき」につながります。

結果、先代は家庭や会社では、自身が一番強く、周りはその強いリーダーの意向に従うべきがあったのです。

このことへの不満と嫌悪感から、バブル崩壊で取引先大手の行った「下請けに対する身勝手な強制的値下げ」に強く反発したのだと語られています。

正夫氏は大手企業との関係性の見直しを断行し、自社と自社の下請け、取引先を守る為の経営に大きく舵を切ったのです。

つまりは、先代の「オレに従え」から「オレが守る」といったリーダーシップにシフトしたのだと感じるのです。

これは、単に先代と正夫氏の親子関係の在り方への反発、反骨から起こった決断だったのかもしれません。しかし、日本社会全体でも同様の変化が求められていたのです。

そして、その社会が求める変化を一早く企業経営に取り入れたのが2代目の正夫氏なのです。企業経営での「オレが守る」のリーダーシップとは、「会社を守る為には下請けや従業員は、我慢するものだ。」ではなく、「社員や下請けを守る為の利益・収益の確保を図る経営をするべきだ。」との思いです。この思いは、いたって当たり前のことの様に思われますが、実は以外にも前者の考え方をする経営者は、決して少なくないのです。「俺も我慢して頑張ってきたのだから…」といった体験から、ついつい意識せずに前者になりがちなのです。正夫氏は、取引先や従業員を守る為の収益を確保する仕組みを大手企業からの売上頼みではなく同業者・下請との連携による仕組みで作り上げていった経営者なのです。

これこそが、今日の山本精工をして「金属加工業の総合商社」と呼ばしめる経営基盤です。モノづくりへの技術力と誠実さ、まじめさが強みである日本の中小での製造業。しかし、その反面、弱みであるのが、技術力ではない品質管理、工程管理、市場や製品に関する情報管理（マーケティング）といった情報力と管理力の弱さなのです。

正夫氏は、この資金や人材不足から対応しきれない中小企業の弱点である情報力・管理力の脆弱性を連携による仕組みでサポートしていったのです。

今日の多くの企業が今取り組むべき課題として行っている仕組みづくりの先駆けと言えます。この情報・管理機能のスペックの高さは、そこを弱点とする他の製造業にとっては、山本精工と連携する大きな魅力であり、安全性の担保といった信頼となります。

このような仕組みづくりの最中に正夫氏は大病に見舞われた。正夫氏は「任せる」「任せるしかない」との決断を余儀なくされたのです。

普通であれば、この変革の時期でのリーダーの不在は、事業のとん挫、破綻となる可能性が大なのですが、既に、ある程度の連携による管理機能強化が進んでいたことも幸いして、従業員、そして3代目となる正人氏もしっかりと受け止めることが出来ました。

そして、さらなる金属加工業の総合商社化が進んだのです。

初代の「オレに従え」から2代目の「オレが守る」への変遷ではありましたが、共にトップダウンの経営手法という意味では大きく変わったとは言えません。

但し、この初代と2代目での一見同じに見えるトップダウンでも大きく違うのが、「鶴の一声」から「仕組化による決定・判断」といった違いであります。

これは、一般的に多くの経営者が試みる経営スタイルのシフト。トップダウンからボトムアップへのシフトの中間に位置するものであると思うのです。

多くの中小企業がワンマン経営からの離脱を目指して一度は試みるのですが、その多くは失敗に終わります。目安箱や報告書の義務化等などの制度を導入しては見るのです。しかし、制度やルールだけのボトムアップ方式の導入は、往々にして実態的にはワンマン経営のままになってしまいます。

しかし、ここにきて「任せる」の決断を受けた3代目正人氏からは、必然的にボトムアップの経営手法への移行が求められます。そして、それは見事に機能しているのです。

これは、ひとえに2代目正夫氏の人格による処が大きいと思います。

それは、本書のバトン承継で考えたことの章で、「息子には、ここに入社した当初から経営の勉強をするように言ってきました。しかし、「本人の気付き」を待っていたというのが本音です。よくやってくれていると感じています。最初の頃は、本人も辛い時期があったと思います。それも勉強ですし、本人が気付かない内は、こちらが何を言ってもダメでしょう。そういう点では、うちは事業承継が2～3年でスムーズにできたと思っています」

この「本人の気付き」を最も大きなことであるとの正夫氏の考え方こそが、「金属加工業の総合商社」として、山本精工を作り上げてきたのです。

2代目正夫氏は、本書の中で38歳の時に病気（腎不全）に罹患し53歳で人工透析になった時期に経営に関する読書やセミナーを通して、多くの学びの時間を持ったことを語られています。これが「正夫氏自身の気付き」の時間であったのだと思います。

そして、3代目となる正人氏の「気付き」へとつながる大きな学びの時期も本書で語られています。2代目からの学び。

正人氏が父から会社を継ぐ為に、経営のことを学んだ。

・町工場は専門知識と技能を持つ職人ではあるが、経営者ではない。

・職人は良いものを作ろうとする。経営者は売れるものを作ろうとする。
・需要があるものが何かを見ていない。

この違い、これを勘違いしていることが多いのも町工場の社長だったりすると学んだ。この学びを受けて、3代目の正人氏が語ったのは、「山本精工は、技術商社です。僕らは自社の技術でなくネットワークを使った技術力を持っています。違った言い方をすると、僕らは製造業ではなく〝サービス業〟を目指しているのです。仕入先に対しても、お客さんに対しても、サービスをする。この2つのサービスをすることで、製造業なのにサービス業ということを売り込んでいきたいと考えています。」でした。

正人氏が語る〝サービス業〟とは、同業者である仕入先の抱える不便（配送や測定器の負担）を山本精工が受け持つことで、ユーザーさんへの安心感（製品の品質管理・納期の順守）をも提供できるといったサービスなのです。

ただ、正人氏がこの様な事業を目指すと語れるまでには、やはり山本精工への入社後3年間の挫折を経て自己啓発本をはじめとする書籍等からの知識の学び、そして自身の「気付き」があったからこその成長なのです。

2代目正夫氏が3代目正人氏の「気付き」を期待し、その期待に応えた正人氏が言う、「経営の承継にマニュアルはない。毎日話していることがマニュアルになっている。」これは、正人氏が父である正夫氏との会話こそが、「気付き」であり、承継マニュアルだったと言うことです。

山本精工の事業承継の成功は、まさしくこの親子の会話に他ならないのです。

私が通常、依頼を受ける事業承継等の相談の殆どが、この親子での会話不足、コミュニケーション不全に起因するのです。これは、決して会話の時間の長さや量では無く、明らかに質の問題なのです。そして、その質の問題は話す側の力量や説明責任ではなく、聴く側の姿勢、考え方の問題なのです。

つまり、正人氏が挫折からの、知識の勉強を通じて、経営や自身の働き方を父である正夫氏に話す、正夫氏は、その話を予断無く聴ける経営者であり父であったことに尽きるのです。私が以前、正夫氏から山本精工の歩みと正人君への思いを聴かせて頂いたときに感じたことなのです。「ええお父ちゃんやな」です。

正夫氏は、間違いなく優れた経営者であり、その経営手法においても確固たる信念と方法論を持たれています。しかし、それ以上に自身の信じるやり方、方法以外の話について聴くことの出来る経営者であり、父親であることに感心したのです。

私が事業承継問題で関わる多くの経営者、概ね60代70代の社長に共通する課題は、ご自身の経験から培われた経営理念は、確かに素晴らしいのですが、同時に「違った話を聴けない」があります。特に承継させるべき子供たちの話を予断無くフラットに聴くことについて、本当に下手くそなのです。

山本精工の事業承継の秘訣は、間違いなく「聴く耳を持つ」正夫氏の存在です。

この様なことを言うと、「息子や娘の話は、ちゃんと聞いていますよ！ただ、経験の無さから間違っていることが多いので、指摘しているだけです。」といった声が聞こえてきます。

実際、多くの社長が事業承継だけではなく、部下や社員の話を聞きたい、提案を上げて欲しいと言われます。でも、「良い提案や意見は出てこないし、多くは不満や愚痴ばかりだ」とも口にされます。中小企業での〝あるある〟の話です。

この〝あるある〟は、山本精工にもあった話です。但し、3代目の正人氏はこの〝あるある〟を「社員の愚痴を提案に」といった考え方をもっています。このような考え方は、正人氏の幼少期からの経験と父の正夫氏の教育方針によるものでしょう。

顔にある血管腫を他の子供より劣る、可哀そうなもの、隠すべきものとして見ない。ただの違いに過ぎず、一つの個性として受け入れてこられたことも、正人氏が自分と違う意見や考え方を「違う考え方・意見」として素直に聴くことの出来る素養を身に着ける為の土壌であったと思うのです。

今日の山本精工は、初代の「オレに従え」から2代目の「オレが守る」から3代目で「オレが聴く」への実に今日の時代にマッチした事業承継の歩みだと思うのです。

「部下や従業員からの意見・提案が上がらない！ボトムアップは、社員のスキルがなければうまくいかない」は、聴く側の問題に起因することが殆どです。

私の【敬聴力】による伴走型支援といったサポートは、経営者や幹部が、まずは「聴く」ことが出来ているか？聴いている「つもり」になっていないか？勿論、これは、経営者や管理職だけに求めるものではありません。社員やアルバイトも同じく「聴く」を出来ているか？を求めるサポートでもあります。

年齢が行けば行くほど、経験を積めば積むほどに、人は「教えたがる」生き物なのです。違った意見や考え方を「聴く」為には、本当に「聴く」を意識して聴かないと、相手の話を聞きながら、頭の中でこちらが言うべきこと（指摘や訂正）を考えてしまうのです。しかも、それを自分では、話を聞いた上でのアドバイスだと思ってしまいます。（思い込みです。）私が傾聴力の〝傾く〟をわざわざ〝敬う〟と置きかえた【敬聴力】は、多くの経営支援を通じて、私自身の反省を踏まえて「気付いた」考え方を表した造語です。

山本精工株式会社、そして山本親子（2代目・3代目）は、その意味で【敬聴力】的な土壌を持つ、企業であり親子なのだと思うのです。

特に3代目となる正人氏に至っては、「愚痴や悪口が提案に変わっていく」そして、その提案が数字にも反映されていると語られています。

また、知識（ナレッジ）の属人化ではなく共有化を目指し、明確化（見える化）し企業の構造に落とし込む（構造資産化）こともビジョンとして明言されています。……人的資産の構造資産化。これは、本当に日本の中小規模企業全体が目指すべきビジョンであり、彼の言う「年輪経営」すなわち、極大利益ではなく適正利益による継続経営は、世界的規模で提唱されている企業理念、経営理念の潮流に他なりません。

正人氏の「覚悟を持って任せる」経営の根幹には、やはり、【敬聴力】があると思っております。「違う」を聴く、違った意見や考え方の「何故」を聴く、そこで気付いた問題や課題を個人の問題や課題とするのでは無く、企業としての解決課題とすることで、新たなサービスや仕組みを生み出すための「宝もの」と捉える思考法があると思うのです。

中小企業の事業承継、年輪経営（継続経営）での仕組み創りは、単に制度を作れば出来上がるのではなく、経営者、従業員、スタッフの意識に【敬聴力】が生まれる風土が必要であり、正人氏の言葉を借りれば〝いい人〟を作れる環境を目指すことなのだと言えます。

そして、本書での社員さんの声からも同様の展望が伺えます。「みんなで頑張れる会社」ただ、この「みんなで頑張る」は、みんな仲良くでは決して無いことも忘れてはいけません。みんな「違う」が当たり前の風土を作ることは、従業員個々の「違う」をビジネスシーズと捉えて聴くことの出来る経営者・管理職があって、はじめて生まれるのです。そして、企業の適正利益を確保するための仕組みとルールがあって初めて成立するのです。

これからの時代の経営者に求められるスキルは、優れた能力、リーダーシップ、カリスマ性以上に、違うを聴き「宝もの」の種に気付く思考法とそれらを仕組み化するためのファシリテートスキルなのです。

この様なスキルは、決して自分だけの頑張りでは醸成できるものではありません。本書を読まれた中小企業経営者の皆様には、山本精工の事業承継の変遷から、改めて自社を見てみることをお願いします。社内にある「違う」の中に埋もれている「宝もの」がきっとあるはずなのです。その気付きこそが、これからの日本経済、子や孫たちの社会をつくるのだと思うからです。

3代目となる山本正人さんへのエール

私は、本章で「今日の山本精工は、初代の「オレに従え」から2代目の「オレが守る」から3代目で「オレが聴く」への実に今日の時代にマッチした事業承継の歩みだと思うのです。」と書かせて頂きました。

この歴代の変遷で最も難しいのが、「オレが聴く」だと思います。2代目の正夫氏が代表権を持つ中で、正人さんが「みんなの意見を聴く」「愚痴を提案に変える」が、スムーズに行えたことは正夫氏の「本人の気付きでしか、人は変わらず、成長しない」との考えがあったからです。そして、その期待に応えた正人さんの努力であったことは言うまでもありません。

しかし、名実ともに代表権を持つトップとなってからの「オレが聴く」は、本当に簡単なことではないはずです。全ての決定権を持つ中小企業での経営者、また企業規模が大きくなればなるほど社員も増え、「違うを聴く」ことでの「違う」もどんどん増えるのです。

それでも、正人さんの目指す年輪経営（継続経営）は、着実に、その年輪・輪っかを増やしていくであろうと思えるのです。彼の周りに集まる仲間や、支えてくれるスタッフこそが年輪であることを知っている山本正人の率いる山本精工の未来は明るいのです。

彼の妙に人懐っこい笑顔を見ていると不思議と意味もなく、明るく楽しい社員が働く山本精工を想像してしまいます。

みんなの「違う」をビジネスシーズとして聴き、そのシーズを取引先が、お客さんが、社員が喜ぶサービス（宝もの）へ繋ぐ企業へと、成長していくことを祈念して正人さんへのエールとさせて頂きます。

『ここに来ればみんな幸せ　幸せ企業ヤマセイの秘密　～ヤマセイ流　事業承継・経営法～』の執筆関係者の皆様へ感謝！　ありがとうございました。

付　録

国の行う中小企業事業承継支援施策（中小企業庁ＨＰ　２０２０年版中小企業白書より）

令和2年度において講じようとする中小企業施策

第1節　事業承継支援

1．中小企業再生支援・事業引継ぎ支援事業（事業引継ぎ支援事業）【R2年度当初予算：75・1億円の内数】

後継者不在等の問題を抱える中小企業・小規模事業者に対し、各都道府県の各認定支援機関に設置されている「事業引継ぎ支援センター」において、事業引継ぎ等に関する情報提供・助言等を行うとともに、M&A等によるマッチング支援を実施する。（継続）

2．個人版事業承継税制【税制】

令和元年度税制改正において、個人事業者の事業承継を促進するため、２０１９年からの10年間限定で、多様な事業用資産の承継に係る相続税・贈与税を１００％納税猶予する制度を創設した。（継続）

3. 法人版事業承継税制【税制】

平成30年度税制改正において、「法人版事業承継税制」を抜本拡充し、２０１８年からの５年以内に特例承継計画を提出し、10年以内に実際に承継を行う者を対象に、非上場株式に係る贈与税・相続税の納税を猶予・免除する特例措置を講じる。（継続）

4. 中小企業・小規模事業者の事業再編等に係る税負担の軽減措置の創設【税制】

Ｍ＆Ａにより経営資源や事業の再編・統合を通じて事業の継続・技術の伝承等を図る事業者を支援するため、中小企業等経営強化法上の認定を受けた経営力向上計画に基づいて再編・統合を行った際にかかる登録免許税・不動産取得税を軽減する。令和２年度税制改正において、適用期限を２年延長することとされた。（継続）

5. 小規模企業共済制度

小規模企業の経営者に退職金を支給する小規模企業共済制度について、引き続き、制度への加入促進と共済金等の支給を着実に実施する。（小規模企業共済制度は、小規模企業者である個人事業主や会社等の役員が掛金を積み立て、廃業や引退をした際に共済金を受け取れる制度であり、いわば小規模企業の経営者のための「退職金制度」であり、引き続き、制度への加入促進と共済金等の支給を着実に実施する。）（継続）

6. 経営承継円滑化法による総合的支援

経営承継円滑化法には遺留分の制約を解決するための民法の特例をはじめとした総合的支援が盛り込まれており、民法特例の適用の基礎となる経済産業大臣の確認を実施する。

また、M&Aによる事業引継ぎに際して、社外第三者（後継予定の者）に生じる株式買収資金等の資金ニーズに対応するための金融支援を実施する。

7．事業承継円滑化支援事業
全国各地で中小企業の事業承継を広範かつ高度にサポートするため、中小企業支援者向けの研修や事業承継フォーラムによる中小企業経営者等への普及啓発を実施する。

8．事業承継・世代交代集中支援事業（プッシュ型事業承継支援高度化事業）【R1年度補正予算：64億円の内数】
早期・計画的な事業承継の準備に対する経営者の「気付き」を促すため、各道府県の地域内の金融機関や商工団体等で構成する事業承継ネットワークにおいて、経営者に対するプッシュ型の事業承継診断による事業承継ニーズの発掘や地域の専門家派遣による支援等を実施する。

また、事業承継時の経営者保証解除に向けた、専門家による「経営者保証に関するガイドライン」の充足状況の確認と目線合わせの支援等を実施する。（継続）

9．事業承継・世代交代集中支援事業（事業承継補助金）【R1年度補正予算：64億円の内数】

事業承継・世代交代を契機として、経営革新や事業転換に挑戦する中小企業に対し、設備投資・販路拡大・既存事業の廃業等に必要な経費を支援する。また、新規事業への参入を行う場合などには重点的に支援を行い、ベンチャー型事業承継・第二創業を後押しする。さらに、経営資源を譲り渡した事業者の廃業費用も補助する。（継続）

10．事業承継・世代交代集中支援事業（事業承継トライアル実証事業）【R1年度補正予算：64億円の内数】

後継者不在の中小企業が、後継者選定後に行う教育について、有効な内容や型を明らかにし標準化を進めることで、円滑な第三者承継の実現を後押しする。（新規）

11. 事業承継時の経営者保証解除に向けた総合的な対策

事業承継時に後継者の経営者保証を可能な限り解除していくため、事業承継時の経営者保証解除の支援パッケージを公表した（2019年5月31日）。事業承継時に一定の要件の下で、経営者保証を不要とする新たな信用保証制度を創設（2020年4月1日）や経営者保証解除に向けた、専門家による中小企業の磨上げ支援やガイドライン充足状況の確認等を実施する。（新規）

12. 中小企業成長促進法案

中小企業の事業承継の促進のための中小企業における経営の承継の円滑化に関する法律等の一部を改正する法律案（中小企業成長促進法案）を第201回国会に提出しており、事業承継の障壁である経営者保証の解除を支援するための措置を盛り込んでいる。併せて、中小企業が大企業に成長した後も支援を継続する「中堅企業への成長支援」や、日本政策金融公庫による海外展開支援、計画認定制度の簡素化の措置を盛り込んでおり、事業承継による経営資源の円滑な引継ぎの促進や、計画認

定制度、海外展開支援等を通じて、中小企業が成長を実現できる環境の整備を講じる。（新規）

あとがき

「こんにちは！よろしくお願いします！」

何てエネルギッシュな人なんだろう。最初に山本正人氏に会ったときの第一印象は、明るく元気で自然に人をリラックスさせることのできる人というものでした。とびきりの笑顔と明るい第一声で、活気溢れるエネルギーを持った人なのだと感じた感覚は、この本の取材を通じて月日を経た現在、まさにその通りだったと確信になりました。

親子で事業を継続させていくことは、容易いことではありません。多くの経営者から話を聞く中でも、ヤマセイのようにスムーズと言える事業承継の形は、多くないのではないでしょうか。この本の中で、三代続くそれぞれの社長のやり方が、時を経る中で時代ごとに練り直され、洗練され、形を変えて未来へとつながって来た一方で、やはりその時々の世相や世界情勢を鑑みた、様々な努力と葛藤とＰＤＣＡがあったことを垣間見ていただけたかと思います。

前社長・正夫氏から現在の社長・正人氏に承継された２０２１年。コロナ禍で世界中が揺らいでいる中にありながらも、しっかりと未来を見据えた新社長の事業方針が、より一層その推進力を増して進んで行っています。

少しずつ確実に、その幹を重ねていく年輪経営。まさに、社員や取引先の方々と共に大きく成長してきた「ヤマセイの年輪」は、しっかりと引き継がれた核を中心に、さらに大きな幹となり、絆という多くの枝葉を繁らせ、成長を続けていくことでしょう。

新生ヤマセイの新たな理念「スタッフ並びに関係する方々を幸せにする」。まさに、私自身も本書の執筆・編集に当たり、ヤマセイの明るく活気あるパワーに触れるたび、笑いや感銘や内観という幸せな時間をいただきました。末筆ながら、関係者の皆様に感謝すると共に、山本精工株式会社様の益々のご発展をお祈り申し上げ、筆を置きたいと思います。ありがとうございました。

２０２１年10月

中村典子

ここに来ればみんな幸せ
幸せ企業ヤマセイの秘密 ～ヤマセイ流 事業承継・経営法～

2021年11月20日 初版第1刷発行

著　者 中村 典子
発行者 関谷 一雄
発行所 ＩＡＰ出版
〒531-0074 大阪市北区本庄東2丁目13番21号
TEL：06（6485）2406 FAX：06（6371）2303
印刷所 有限会社 扶桑印刷社

ISBN 978-4-908863-10-3